EUROTUNNEL

CHRONIQUE D'UN RÊVE ACCOMPLI

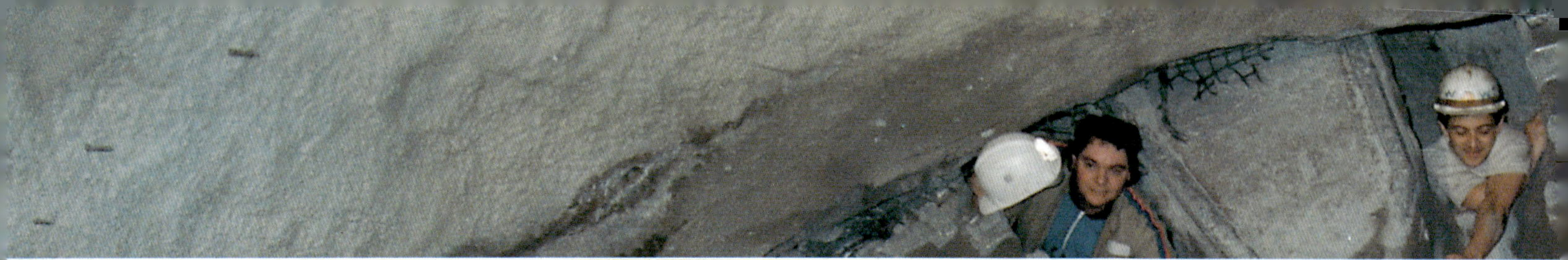

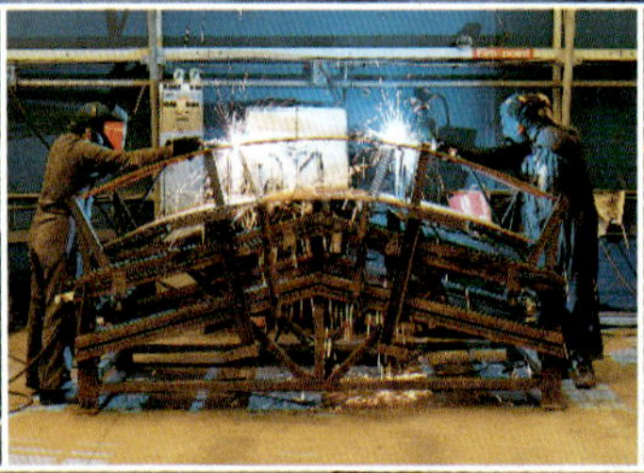

JEREMY WILSON ET JÉRÔME SPICK

EUROTUNNEL

CHRONIQUE D'UN RÊVE ACCOMPLI

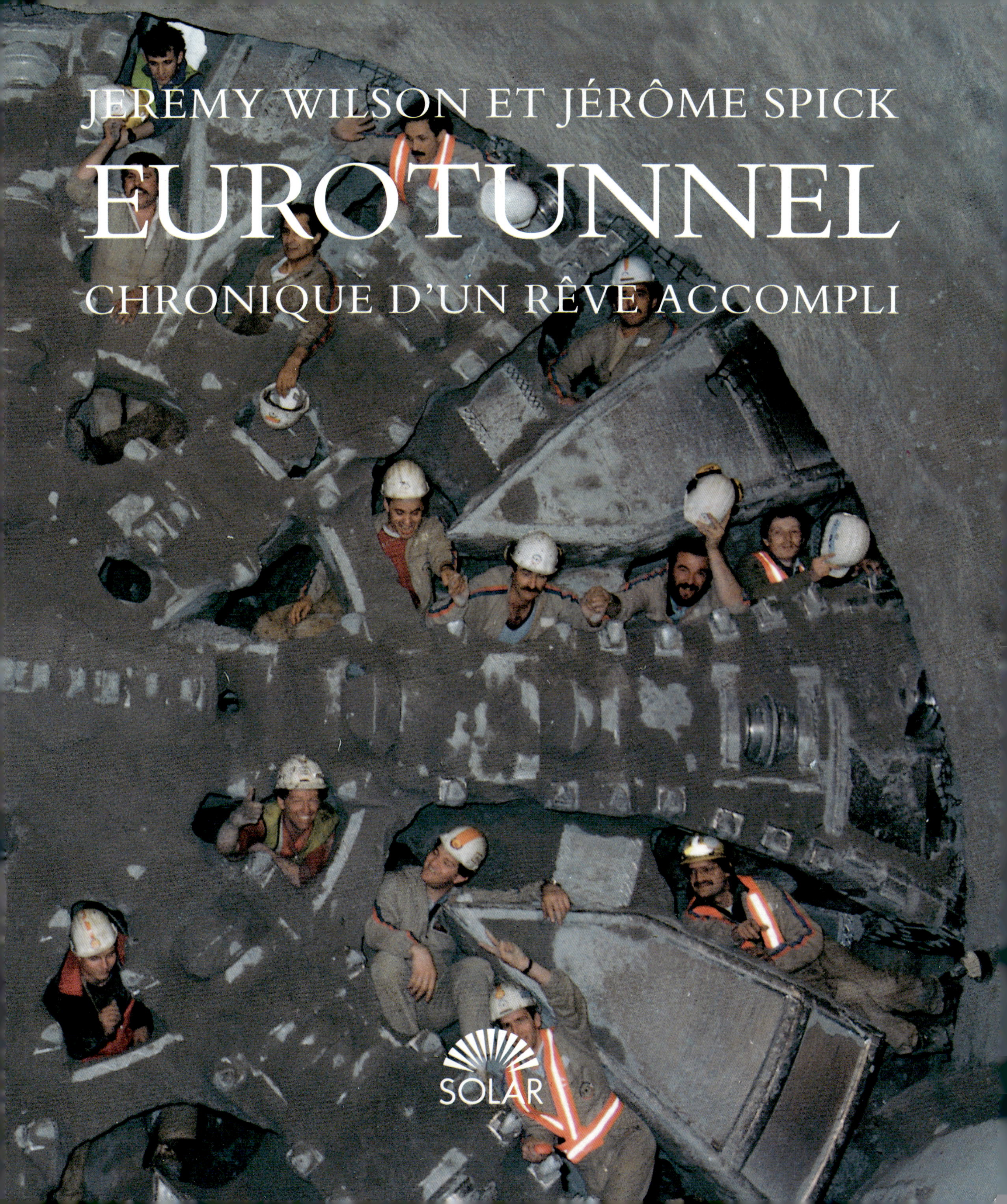

SOLAR

L'édition originale de cet ouvrage
a été réalisée par HarperCollins,
77-85 Fulham Palace Road
Hammersmith, London W6 8JB

ISBN éditions spéciale 1-872009-49-2
ISBN Éditions Solar 2-263-02200-7
N° d'éditeur : 2348

Maquette et réalisation :
Visible Edge, Londres

Imprimé en Grande-Bretagne par
Butler et Tanner Ltd, Frome et Londres

SOMMAIRE

André Bénard

Président Eurotunnel S.A.

Le Tunnel sous la Manche, tel qu'il est illustré dans ce livre, est à beaucoup d'égards un ouvrage exemplaire.

Il est d'abord le résultat de l'opiniâtreté, de la persévérance, du courage et de l'imagination des hommes à travers les générations. Rêvé en 1751, précisé sous forme d'un projet en 1802, ayant connu deux débuts de percement en 1881 et en 1974, il aura été réalisé entre 1986 et 1994.

Il est ensuite un modèle de coopération internationale - binational par les entreprises, international par la technologie et l'équipement, mondial par le financement, franco-britannique par la culture de son concessionnaire.

Il constitue un jalon et un ouvrage essentiels dans la construction européenne. Déclencheur du réseau européen à grande vitesse, il aura ouvert la voie à des échanges franco-britanniques dont les retombées sont d'une importance et d'une richesse potentielles considérables.

Il offre le modèle d'un financement privé très complexe d'une infrastructure publique susceptible de faire disparaître les frontières artificielles, mais réelles, qui séparent et parfois opposent dans l'esprit du temps l'intérêt général à l'intérêt privé. Ce faisant, il ouvre la voie à une nouvelle dynamique de l'investissement et de l'activité humaine.

Il réconcilie enfin à mes yeux l'esthétique et l'efficacité, la grandeur et l'humble utilité, les grands travaux et l'environnement.

Tels sont les messages que le présent ouvrage communiquera, je l'espère, au monde de ses lecteurs à travers les multiples et spectaculaires facettes de cet immense projet.

27 avril 1989 : André Bénard *(à droite)* et Alastair Morton assistant à la première sortie d'un tunnelier devant le portail français du Tunnel.

Sir Alastair Morton

Président Eurotunnel PLC

Comme souvent déjà, depuis sept ans que nous travaillons ensemble, André Bénard exprime parfaitement l'esprit qui anime notre grande entreprise, le plus grand projet européen du XXe siècle.

Le voilà réalisé, ce Tunnel. Et nous tous qui l'avons réalisé dans les bureaux d'ingénieurs, sur les sites, sous la mer, chez les banquiers du monde entier et dans les ministères en France et en Angleterre, nous pouvons maintenant regarder en arrière et nous étonner que le Tunnel ait pu être réalisé. Comme l'écrivait Drake à Francis Walsingham en 1587, «toute grande entreprise doit commencer un jour, mais la poursuivre, et finalement la mener à son terme, voilà la vraie gloire.»

La complexité de la tâche et les conflits inscrits au coeur du projet provoquèrent parfois de graves différends entre client, constructeurs et banques, pour savoir qui paierait quoi. Bientôt, j'en suis certain, ces épisodes n'assombriront plus nos souvenirs du projet.

J'étais présent lors de la première jonction sous la mer et j'ai pu passer à pied d'Angleterre en France. D'autres souvenirs me reviennent en mémoire et je les savoure. Le 28 juin 1991, le dernier énorme tunnelier fait sa percée tout près du milieu du détroit. Deux cents personnes se réjouissent bruyamment, mais je me sens soudain plongé dans un profond silence : «toutes les machines se sont tues», comme les canons après la bataille.

Auparavant, le 16 novembre 1987, à Londres, nous avions signé l'accord de garantie pour l'augmentation publique de capital. A Paris et à Londres, nous avions alors obtenu 7,70 milliards de francs, sans promettre de dividende avant dix ans, moins d'un mois après le krach boursier ! Le projet vivra.

Ensuite, le 12 mars 1993, un train français tout à fait ordinaire tiré par une locomotive Diesel venait s'arrêter à quai sur le terminal de Folkestone. Le premier train arrivant de Calais ! Vraiment extraordinaire !

Le Tunnel est maintenant réalisé. Il est l'oeuvre de milliers de personnes de TML, d'Eurotunnel et d'ailleurs.

La dernière jonction sous la Manche, le 28 juin 1991 : «Toutes les machines se sont tues». *(De gauche à droite)* : André Bénard, Pierre Matheron, (directeur Construction France de TML), Alastair Morton et Philippe Essig (président de TML).

La construction du Tunnel sous la Manche est terminée mais il nous en reste plus de 100.000 photos. Environ 600 d'entre elles ont été choisies pour raconter dans ce livre la réalisation du Tunnel sous la Manche, de ses débuts en 1986 à son achèvement à la fin de 1993. De brèves légendes commentent ces images et apportent quelques explications en évitant dans toute la mesure du possible d'utiliser des termes techniques.

Cette histoire illustrée du projet est découpée en chapitres de six mois à partir de la mi-1987. Les travaux des tunnels sont traités chaque fois en premier, en commençant par le côté britannique. La construction des terminaux suit, en débutant par le terminal français. Enfin, les locomotives et les wagons des navettes sont traités en fin de chapitre. Ces chapitres chronologiques sont précédés par une description du système de transport d'Eurotunnel et par un rappel du contexte historique du «projet privé du siècle». Enfin, des sujets qui débordent du cadre chronologique semestriel sont traités par des «coups de projecteur». Ils sont récapitulés dans le sommaire.

Notre but n'est pas de faire un livre réservé aux spécialistes, mais tout simplement de montrer un projet exceptionnel. Par conséquent, les questions techniques ne sont pas approfondies dans cet ouvrage. Ainsi, de nombreuses différences de méthodes de construction entre côté français et côté anglais sont passées sous silence.

Rares sont ceux qui ont eu le privilège de suivre de leurs propres yeux le chantier du Tunnel. Nous espérons que ces photos permettront de faire revivre ces travaux gigantesques dans l'esprit des lecteurs et leur feront partager l'enthousiasme du projet, maintenant que les mineurs sont à jamais partis et que les sites ont été revégétalisés. Ces lignes sont écrites à un moment où les trains et les navettes traversent déjà le Tunnel pour les essais, en attendant l'ouverture. Le prochain chapitre de cette histoire, vous pourrez le vivre en personne en traversant la Manche.

Jeremy Wilson et Jérôme Spick

Un système de transport sous la Manche

Le Tunnel sous la Manche, ce sont trois tunnels parallèles de 50 kilomètres de long, dont 38 kilomètres sous le détroit du Pas de Calais. Deux tunnels ferroviaires à voie unique de 7,60 mètres de diamètre assurent la circulation des trains et des navettes pour les véhicules routiers. Le tunnel de service, de 4,80 mètres de large, sert à la maintenance et à la sécurité. Des galeries de communication relient les trois tunnels tous les 375 mètres. Les deux tunnels ferroviaires sont également joints directement par des «rameaux» de pistonnement qui servent à diminuer la résistance de l'air au passage des trains et des navettes. Sous la Manche, les tunnels passent entre 25 et 45 mètres sous le fond de la Manche dans une couche de craie bleue imperméable, sauf au voisinage de la côte française. Le forage est parti de Shakespeare Cliff, et du puits de Sangatte, en bord de mer, alors que les tunnels se poursuivent trois kilomètres à l'intérieur des terres en France, huit en Angleterre.

1. Shakespeare Cliff
2. Le Puits de Sangatte
3. Craie blanche et craie grise
4. Craie bleue
5. Argile du Gault
6. Sables verts
7. Tranchée couverte de Holywell

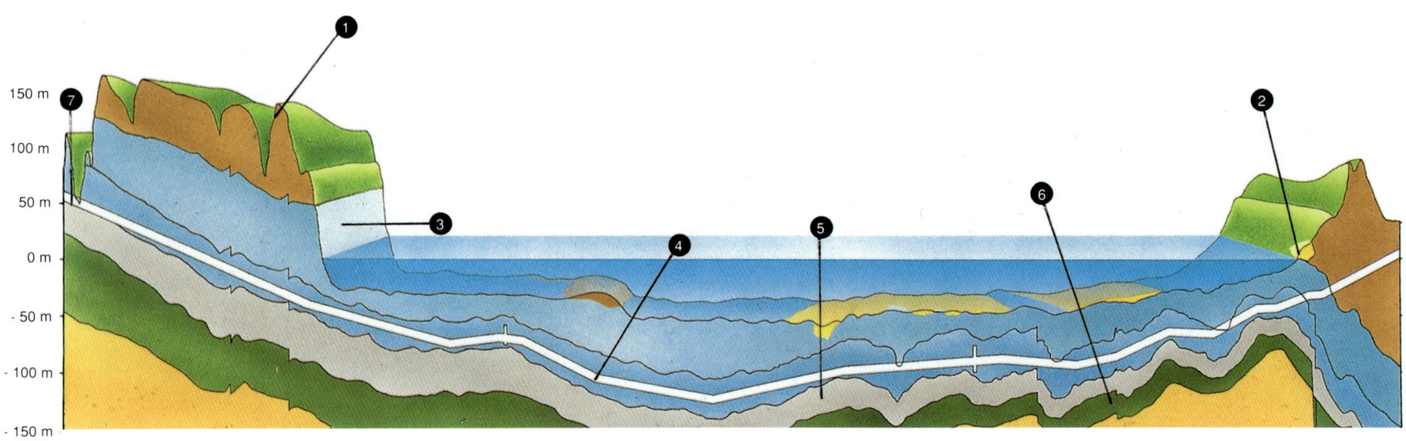

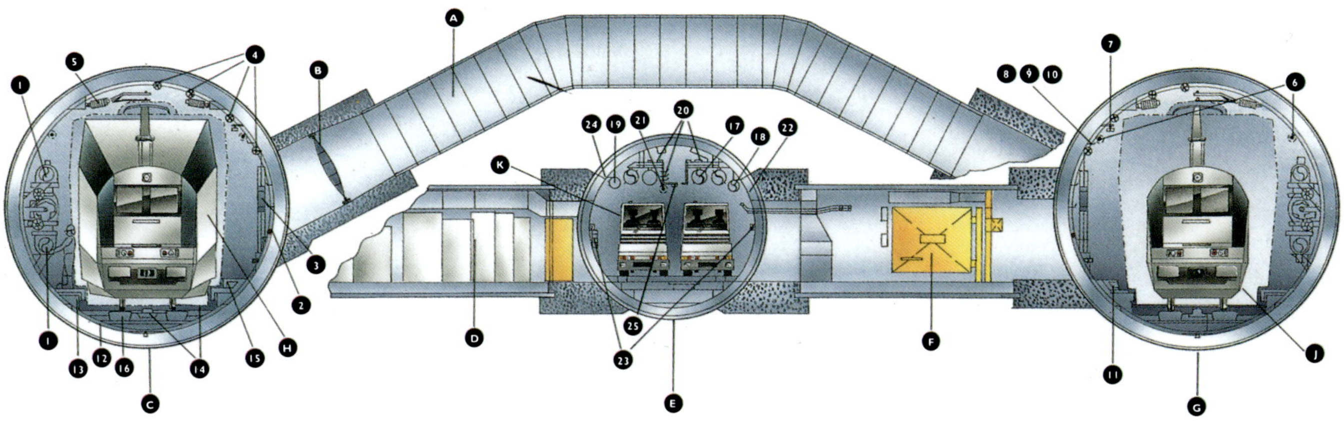

A Rameau de pistonnement tous les 250 mètres

B Valve de rameau de pistonnement

C Tunnel ferroviaire nord

D Local technique

E Tunnel de service

F Galerie de communication équipée de sa porte coupe-feu

G Tunnel ferroviaire sud

H Navette tourisme

J Train de voyageurs standard

K Véhicules routiers de service

TUNNELS FERROVIAIRES

1 Conduites aller et retour de réfrigération des tunnels

2 Canalisation d'eau anti-incendie, sur 125 m de chaque côté des galeries de communication

3 Contrepoids tendeur des caténaires (tous les 1,2 km)

4 Poulie de tension (tous les 1,2 km)

5 Equipement caténaire (tous les 27 m)

6 Câbles radioémetteurs

7 Eclairage principal

8 Câbles 2 fois 20 KV

9 Câble 3,3 KV

10 Câbles basse tension

11 Câbles de signalisation

12 Premier plancher de béton et conduit de drainage

13 Béton du trottoir

14 Plancher supérieur en béton

15 Trottoirs préfabriqués

16 Blochets de la voie ferrée

TUNNEL DE SERVICE

17 Canalisations de drainage

18 Conduite d'alimentation anti-incendie

19 Future conduite d'alimentation anti-incendie

20 Câbles d'alimentation

21 Câbles radioémetteurs

22 Câbles de contrôle et communication

23 Principaux boutons de commande d'éclairage

24 Hauts parleurs

25 Eclairage principal

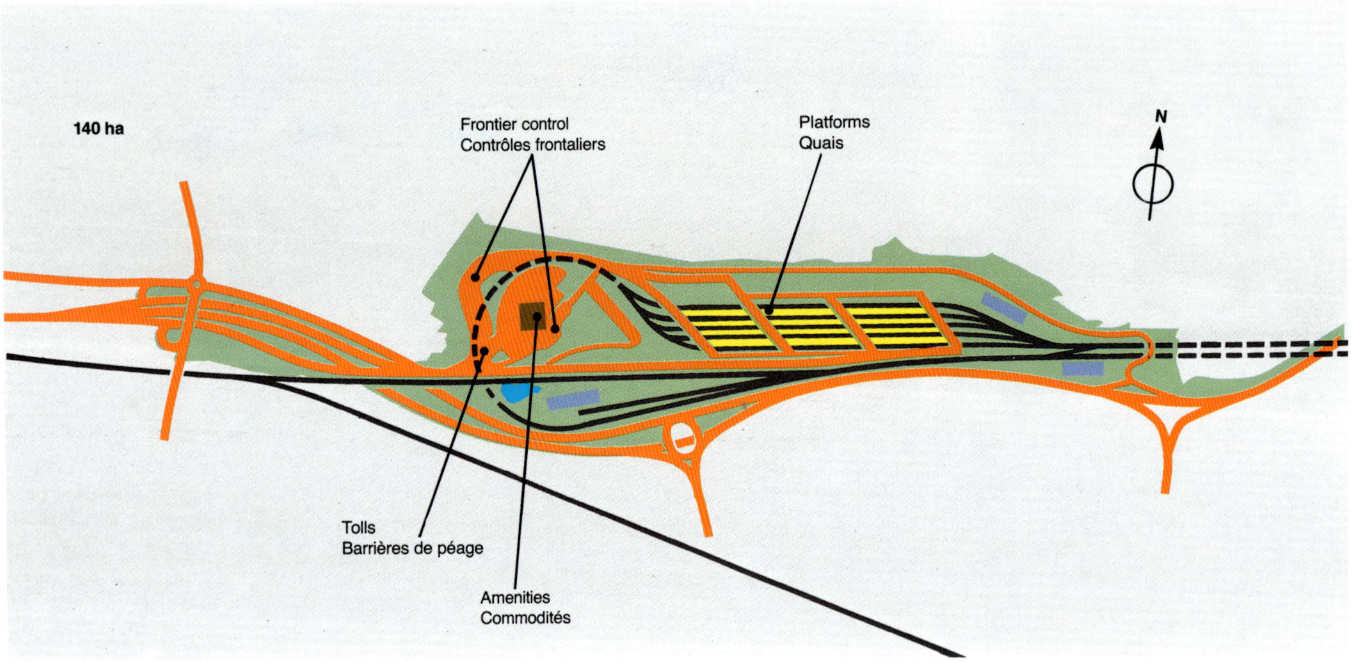

Représentation simplifiée du terminal anglais voisin de Folkestone.

Le Tunnel sous la Manche assure à la fois le passage des trains des compagnies de chemin de fer et la traversée des véhicules routiers à bord des navettes d'Eurotunnel.

Les véhicules routiers qui traversent le Tunnel en navette embarquent et débarquent sur deux terminaux accessibles par l'autoroute A16 près Calais et l'autoroute M20 à Folkestone. En revanche, les trains de passagers ou de marchandises ne s'arrêtent pas à ces terminaux : les réseaux ferrés nationaux sont directement raccordés aux voies ferrées du Tunnel.

Les terminaux sont des gares d'échange entre les réseaux routiers et le service de navettes transmanche. De ce point de vue, les deux terminaux remplissent exactement la même fonction, bien qu'ils soient de taille très différente : 600 hectares étaient

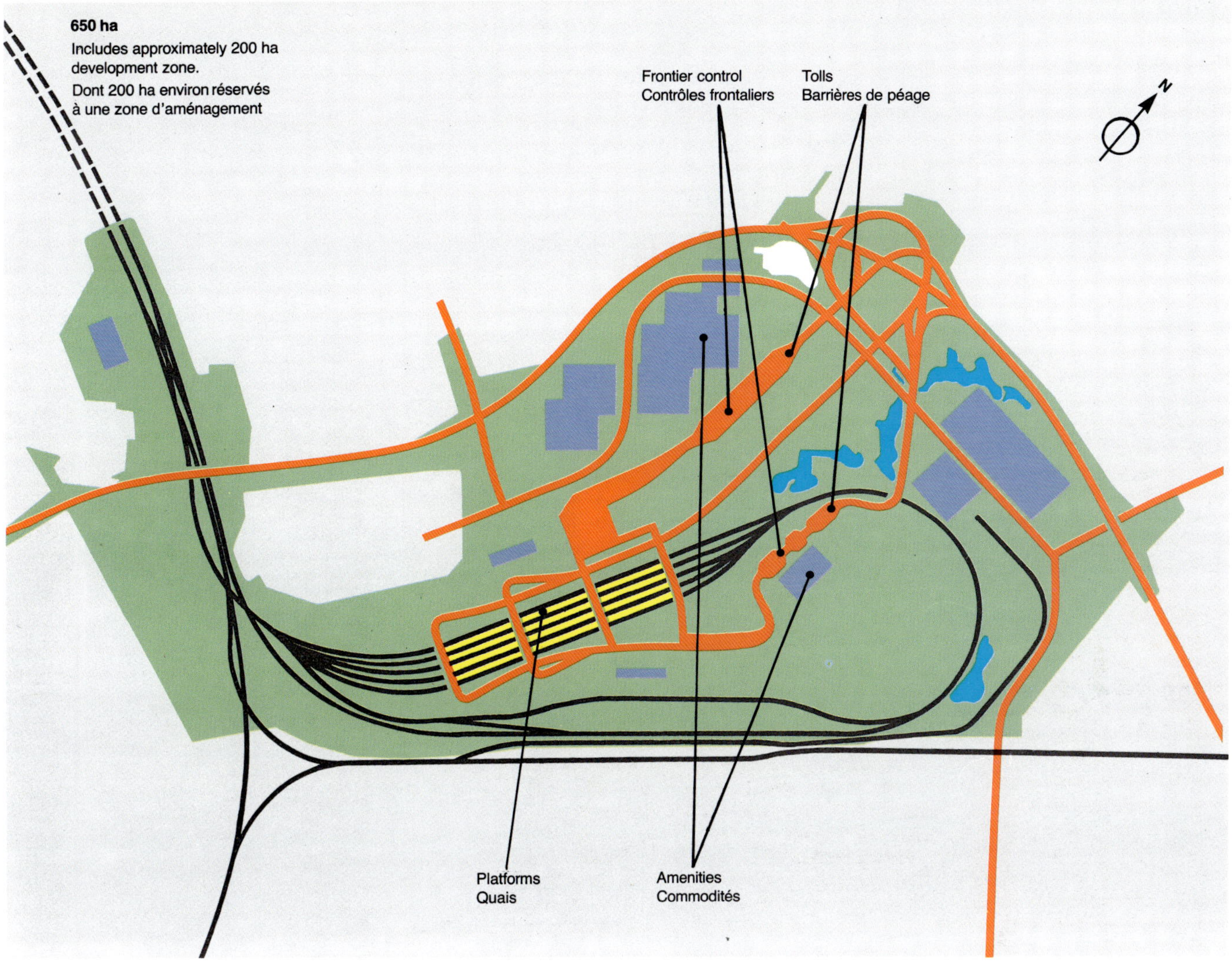

Représentation simplifiée du terminal français voisin de Calais.

disponibles en France, 140 hectares seulement en Grande-Bretagne.

A leur arrivée à un terminal, les navettes suivent une boucle ferroviaire qui leur fait faire demi-tour avant d'atteindre les quais. Les navettes Le Shuttle dites «tourisme» transportent les voitures, les autocars et les motocyclettes ; les navettes Le Shuttle «fret» prennent en charge les camions. En France comme en Grande-Bretagne, chacune de ces deux catégories de véhicules suit son propre circuit sur le terminal, à partir des postes de péage, puis des contrôles frontaliers, jusqu'aux quais pour embarquer en navette. A l'arrivée, une fois sortis de la navette, les véhicules ne subissent plus d'autre contrôle ; ils peuvent accéder directement à l'autoroute.

Dans les terminaux, des bâtiments offrent des services divers aux conducteurs et aux passagers : restaurants, boutiques, magasins hors taxes. En outre, les centres d'information installés sur chaque terminal présentent le Tunnel sous la Manche aux visiteurs. D'autres bâtiments, surtout du côté français, accueillent des bureaux et des installations de maintenance. En France, 185 hectares sont réservés à des opérations de développement telles que la Cité de l'Europe.

CHAPITRE 1

Le projet Eurotunnel s'impose

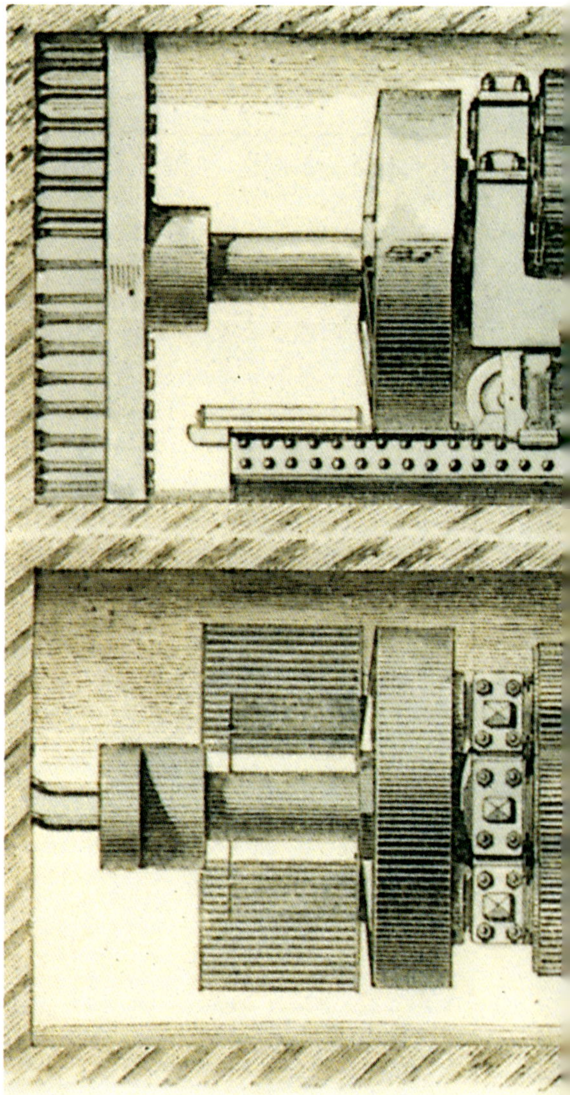

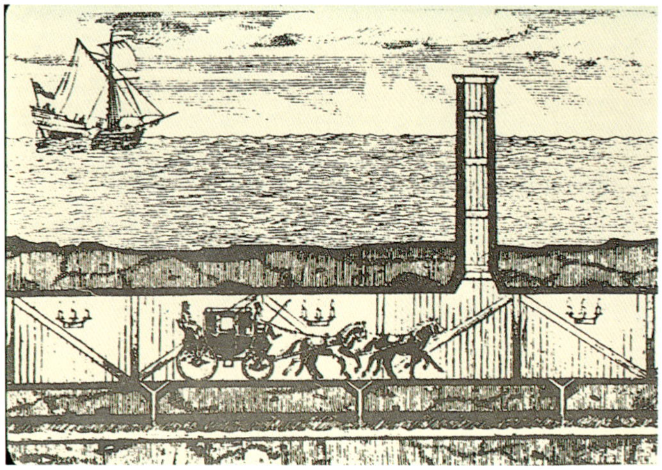

Le premier projet connu de Tunnel sous la Manche date de 1802, proposé par un ingénieur des Mines français, Albert Mathieu. Il nous en reste cette illustration. A partir des années 1830, les projets de tunnels, ponts, digues transmanche se multiplient sous l'impulsion d'un autre ingénieur français, Thomé de Gamond. Il étudie le premier la géologie du détroit et défend ses projets même auprès de Napoléon III et du prince Albert, époux de la reine Victoria. A partir de 1867, les idées de Thomé de Gamond sont reprises par plusieurs ingénieurs britanniques tels que William Low et John Hawshaw, mais aucun projet n'aboutit avant la guerre de 1870.

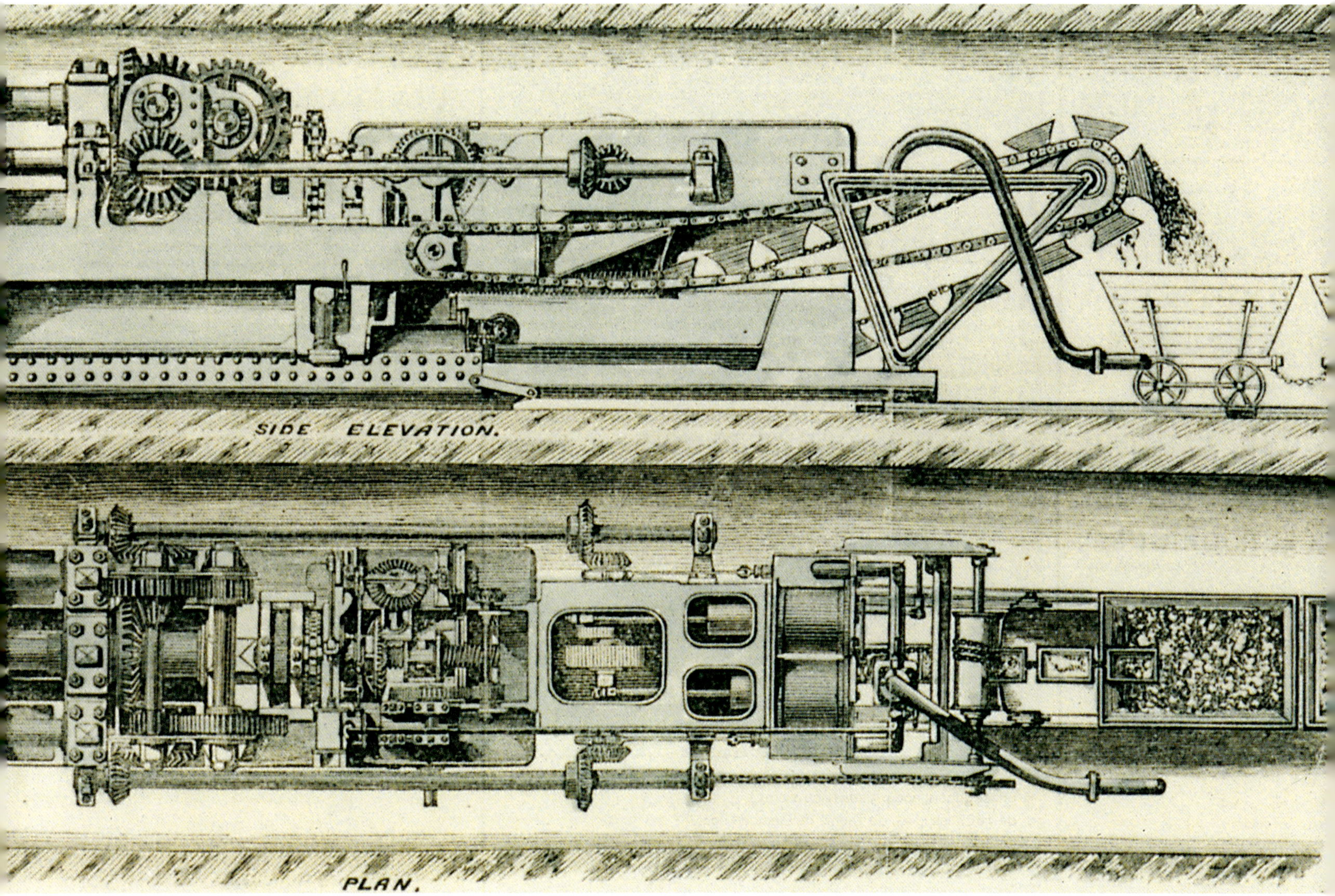

En 1876, la France et la Grande-Bretagne signent un protocole d'accord pour la construction d'un tunnel ferroviaire sous la Manche. En 1881, des travaux exploratoires sont lancés sous la falaise Shakespeare (déjà !), près de Douvres, par William Watkin, grand entrepreneur en chemins de fer. Alexandre Lavalley, constructeur du canal de Suez, fait partie de la société créée du côté français. On voit ici une des perforatrices conçues par l'anglais Beaumont qui ont foré deux galeries pilotes de 2,13 m de diamètre ; elles sont parties l'une de Shakespeare Cliff, près de Douvres, l'autre de Sangatte, à l'ouest de Calais. Ces débuts prometteurs suscitent de violentes oppositions en Grande-Bretagne. Wolseley, militaire prestigieux, orchestre une campagne de presse virulente qui réclame l'abandon d'un projet qui risquerait d'exposer le territoire national aux invasions. En mai 1882, le Parlement britannique stoppe les travaux. 1893 mètres avaient été forés du côté anglais, 1669 mètres du côté français.

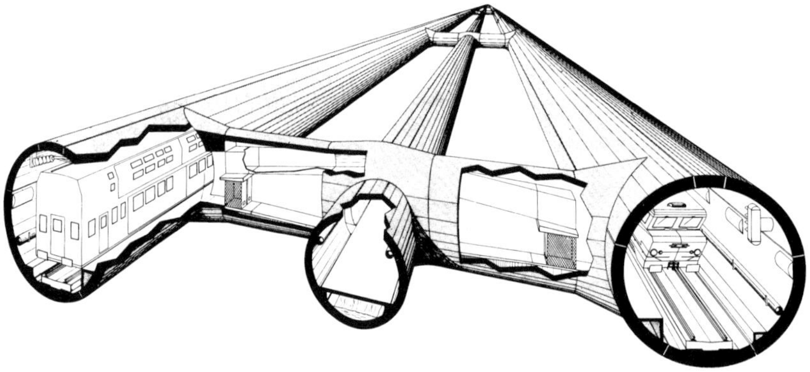

Pendant toute la première moitié du XXe siècle, l'enthousiasme des partisans d'un tunnel sous la Manche échoue à relancer les projets, devant l'opposition têtue des conseillers militaires britanniques. Il faut attendre 1955 pour que le gouvernement britannique lève officiellement le veto militaire britannique de plus en plus indéfendable à l'époque de la bombe atomique et de l'Alliance atlantique. Les gouvernements français et britannique financent des études détaillées qui finissent par aboutir en 1973 au lancement d'un projet de Tunnel sous la Manche bénéficiant du soutien financier des deux Etats. Deux tunnels ferroviaires de grand diamètre seraient construits pour le passage des trains mais aussi des navettes. Un tunnel de service plus étroit sert à la maintenance et à la sécurité. C'est déjà le schéma du futur projet Eurotunnel.

En 1974 comme en 1881, Shakespeare Cliff doit être le point de départ des forages britanniques. Les travaux préparatoires, représentés ici, sont engagés sur une plate-forme qui date de 1842 : une partie de la falaise avait alors été détruite pour construire la ligne de chemin de fer entre Folkestone et Douvres. Les trois tunnels doivent passer sous la falaise et déboucher sur le site de Cheriton, au nord de Folkestone.

En France, Sangatte a également été maintenu comme point de départ des travaux, comme en 1881. Ici aussi, une galerie en pente ou «descenderie» est creusée pour accéder au futur chantier souterrain. A la fin de 1974, le tunnelier a été monté, mais il n'a pas encore été descendu en position de forage.

En 1974, pendant tous ces préparatifs, le contexte politique britannique change : les élections parlementaires d'octobre donnent une faible majorité au parti travailliste, qui succède aux conservateurs. Réticent à l'égard du Marché commun, le nouveau gouvernement est beaucoup moins enthousiaste à l'égard d'un tunnel sous la Manche. Le projet prévoit de desservir la liaison par des lignes ferroviaires à grande vitesse entre Londres et Paris. Or, les prévisions de coûts de la ligne britannique ont triplé alors que la situation économique est très difficile, en plein choc pétrolier. En janvier 1975, à l'immense déception de ses partenaires français, le gouvernement britannique se retire du projet. A cette date, la machine de forage britannique est justement prête à démarrer.

1975 : Un tunnel pour nulle part.
Malgré l'abandon du projet, le ministère britannique des Transports réussit à financer un forage expérimental par le tunnelier en position sous Shakespeare Cliff. L'objectif est de tester l'engin et de recueillir des données précieuses en cas de reprise du projet. Après 260 mètres, le forage sous la Manche est interrompu. Cependant, le tunnelier Priestley est laissé en place et entretenu pendant deux ou trois ans. De l'autre côté de la Manche, le tunnelier construit par Robbins est entreposé dans un hangar sur le site de Sangatte.

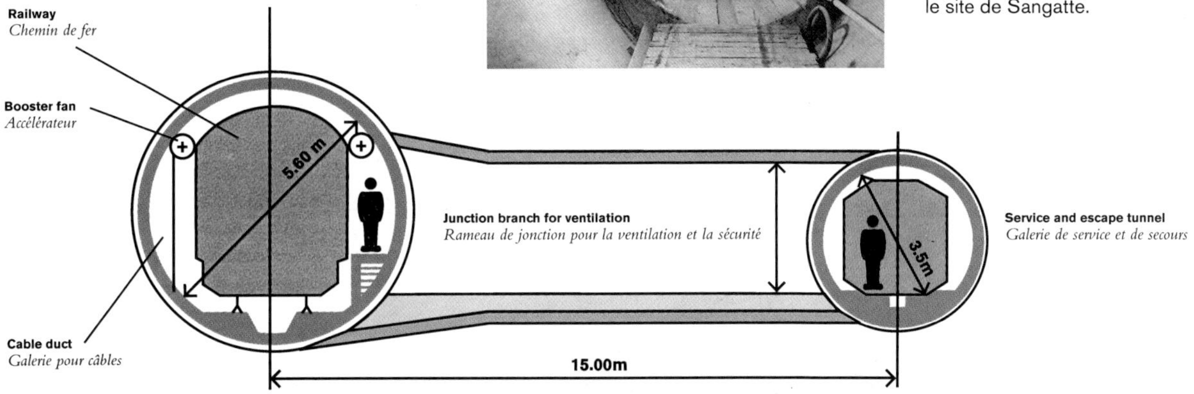

Le projet «trou de souris» de 1979.
Tant que les travaillistes restent au pouvoir, il y a peu d'espoir de relancer le projet. Mais lorsqu'en 1979 les conservateurs gagnent les élections, les compagnies de chemins de fer ne tardent pas à proposer un projet relativement peu coûteux et réalisable en plusieurs étapes. La première consisterait à construire un tunnel de service et un tunnel ferroviaire à voie unique où les trains allant de France en Angleterre et vice-versa passeraient en rafales alternées. Il n'y aurait pas de navette pour les véhicules routiers. On ne serait pas obligé de construire de vastes terminaux. Malgré son sobriquet peu flatteur de «trou de souris», ce projet est tout à fait sérieux. Cependant, le Premier ministre, Margaret Thatcher, déclare qu'elle ne s'opposerait pas à un tunnel ou à tout autre infrastructure à travers la Manche, à condition que son financement ne pèse pas sur les finances publiques. En 1981, lors d'une rencontre au sommet, Margaret Thatcher et François Mitterrand décident de constituer un groupe de travail sur la question. C'est le point de départ d'une nouvelle série d'études techniques et financières. Divers projets de tunnel ou de pont refont surface. Finalement, le 2 avril 1985, les gouvernements français et britannique lancent un appel d'offres officiel aux entrepreneurs intéressés à construire et à exploiter un lien fixe transmanche. Date limite de dépôt des offres : le 31 octobre 1985.

En Grande-Bretagne, de grands entrepreneurs de travaux publics s'étaient regroupés pour reprendre les études sur le schéma du projet abandonné en 1975. Rejoint par deux banques, The Channel Tunnel Group - ou CTG - associe finalement Balfour Beatty, Costain, Tarmac, Taylor Woodrow, George Wimpey, National Westminster Bank et Midland Bank.
En France, plusieurs entrepreneurs s'intéressent également à ce projet sans se rassembler en une entité unique en face de CTG. Comme les Etats préfèrent que les offres soient présentées par des groupements franco-britanniques, le groupe France-Manche est finalement constitué par cinq entreprises et trois banques : Bouygues, Dumez, la SAE (maintenant Eiffage), la SGE, Spie Batignolles, la BNP, le Crédit Lyonnais et Indosuez.
Dans chacun de ces deux groupes, les banques jouent le rôle vital de conseils sur le financement du projet et cherchent à réunir les engagements de crédit nécessaires au projet.
Le 2 Juillet 1985, les deux groupes s'associent pour former le consortium France-Manche / The Channel Tunnel Group (ou FM/CTG). Nous voyons ici Nicholas Henderson, président de CTG, signant l'accord avec Jean-Claude Parayre, président de France-Manche, devant Philippe Montagner, directeur général de France-Manche, et Michael Gordon, directeur général de CTG.

Des opposants au projet manifestent devant le parlement britannique ! Ils s'opposent à tout «lien fixe» à travers la Manche. C'est le thème de la campagne de presse virulente organisée par «Flexilink», groupement d'intérêts maritimes hostiles au projet. En 1974, les réactions étaient moins fortes. A l'époque, le projet de tunnel était proposé par les Etats français et britannique et Sealink, grand opérateur maritime transmanche, appartenait au secteur public.
En 1985, les compagnies maritimes, britanniques pour la plupart, sont des entreprises privées et défendent âprement leurs intérêts. En 1986 et en 1987, Flexilink s'acharnera à dresser l'opinion publique britannique contre ce grand projet franco-britannique avec des arguments et une virulence difficilement compréhensibles pour un non-britannique.

L'offre de France-Manche / The Channel Tunnel Group comprend onze volumes, des cartes, et est présentée en deux versions rigoureusement parallèles, en français et en anglais. Cette esquisse d'un projet des plus complexes a été établie en sept mois à peine. Pas moins de 10.000 amendements auraient été introduits dans les trois dernières semaines ! Cependant, cette offre est très bien argumentée : le génie civil et le système de transport se fondent sur des technologies éprouvées. Baptisé Eurotunnel, le projet s'appuie sur les études et sur la courte expérience du projet des années 1970. Les études d'impact sur l'environnement sont largement développées, en conformité avec les réglementations européennes qui seront adoptées par la suite.
Parmi les neuf offres déposées, quatre sont présélectionnées. En dehors du projet FM/CTG,

toutes proposent une liaison routière directe complétée par des liaisons ferroviaires : Europont propose un pont suspendu dont les travées de 4,5 km de long portent une autoroute enfermée dans un tube ; Euroroute, un tunnel de 21 kilomètres joignant deux îles artificielles elles-mêmes reliées à la côte par deux ponts ; Transmanche Express, enfin, des tunnels routiers de grand diamètre ventilés par deux immenses cheminées ouvertes dans le détroit.

Plus réaliste et mieux étudié, le projet Eurotunnel était sans doute le seul à pouvoir aboutir.

Le 20 janvier 1986, François Mitterrand et Margaret Thatcher annoncent à Lille que le projet Eurotunnel est choisi.
Les études techniques et financières ont montré que ce projet est probablement le seul réalisable. Beaucoup auraient cependant préféré un concept plus futuriste. En 1984, Margaret Thatcher souhaitait «un projet spectaculaire qui montrerait comment les avancées technologiques de notre temps pouvaient rapprocher la Grande-Bretagne et le Continent». L'opinion publique rêvait d'une liaison routière directe. C'est pourquoi, l'incertitude a subsisté jusqu'au dernier moment. Malgré les atouts des propositions concurrentes, c'est donc le projet Eurotunnel qui est finalement choisi. Il n'est pas sûr que la technologie du moment aurait pu résoudre de façon satisfaisante les problèmes considérables que pose une liaison routière directe : ventilation, risques d'embouteillages et d'accidents...

Au moment où le choix du projet Eurotunnel est annoncé, les multiples spécialistes auteurs de l'offre soumise le 30 octobre précédent sont généralement retournés dans leur société d'origine pour travailler sur d'autres projets. Une fois la victoire acquise, une tâche colossale attend les vainqueurs. Il faut favoriser l'adoption du projet par le Parlement, effectuer les études détaillées, obtenir les financements, afin que la construction puisse commencer dès l'été 1987. Les dix entreprises de travaux publics de FM/CTG, réunies dans le consortium TransMancheLink (TML), sont chargées d'étudier et de réaliser le lien fixe. Les cinq entreprises françaises constituent le GIE TransManche Construction, chargé de réaliser les travaux du côté français ; du côté britannique, ce sera TransLink.

En France, le projet Eurotunnel reçoit un bon accueil. L'opinion publique et les hommes politiques sont traditionnellement favorables aux grands travaux. L'Assemblée nationale en avril, le Sénat en juin votent à l'unanimité en faveur des deux textes qui donnent le feu vert au projet. Entre-temps, les procédures administratives aboutissent. En mai, le projet est déclaré d'utilité publique. Les volumineux documents montrés ici représentent une partie de la masse de travail fournie. Une autre urgence s'impose : acquérir les terrains nécessaires, en particulier sur le site du terminal. Cette tâche délicate est menée à bien en un temps record.

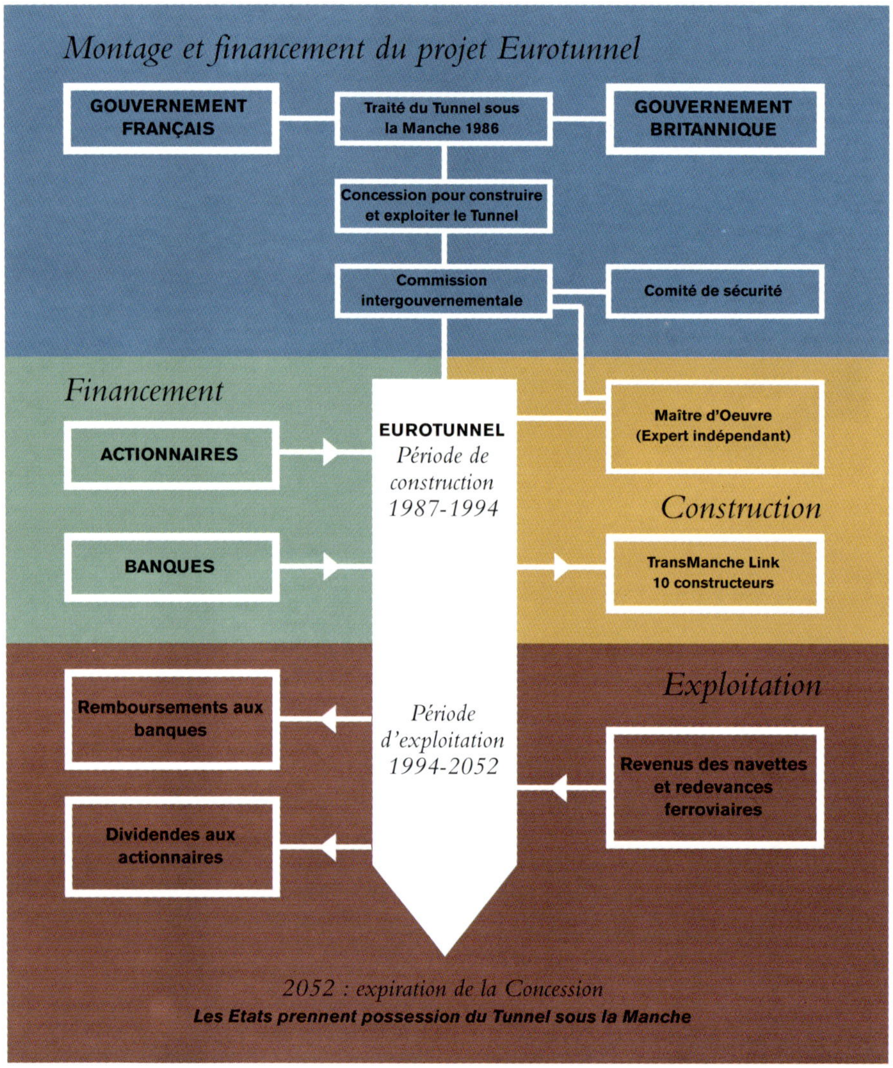

En Grande-Bretagne, la procédure législative comprend l'examen détaillé du projet par des commissions spéciales des deux Chambres. Un détail historique : la commission de la Chambre des Communes se déplace dans le Kent pour y tenir une partie de ses auditions.
Eurotunnel crée également des Centres d'information à Calais et à Folkestone à l'intention des habitants du Nord-Pas-de-Calais et du Kent. En février 1987, la Chambre des communes adopte en troisième lecture le «Channel Tunnel Bill» par 94 voix contre 22. Le texte passe ensuite à la Chambre des lords. La procédure législative est interrompue par les élections parlementaires de juin 1987, remportée par les conservateurs. A la fin de juillet, le texte est définitivement adopté.

Dès le mois de mars 1986, les gouvernements français et britannique accordent à FM/CTG une concession de 55 ans pour réaliser puis exploiter le Tunnel sous la Manche. A côté de TML, chargé des travaux, FM/CTG doit constituer une entité qui réunira les financements puis exploitera le Tunnel. Seule l'exploitation permettra finalement de rembourser les emprunts et de verser des dividendes aux actionnaires. Le groupe Eurotunnel est alors constitué autour de FM/CTG. Il signe ensuite avec TML le contrat de construction du Tunnel.
La concession accordée par les gouvernements donne à Eurotunnel toute liberté commerciale pour exploiter le Tunnel. Cependant, une Commission Intergouvernementale franco-britannique (la CIG), assistée d'un Comité de Sécurité, est chargée de contrôler en détail la réalisation et l'exploitation de l'infrastructure. C'est la CIG qui est chargée de donner à Eurotunnel le moment venu le permis d'exploiter à la fin du projet.

Un financement privé d'une ampleur et d'une complexité exceptionnelles

Une des publicités parues dans la presse française lors de la campagne financière de 1987.

Alastair Morton, co-président britannique du groupe Eurotunnel, prononce un discours devant des personnalités et des journalistes lors d'une étape de la tournée d'information effectuée en Grande-Bretagne.

Une des particularités du projet Eurotunnel par rapport aux autres grands projets d'infrastructure de notre époque est qu'il ne bénéficie pas d'une garantie financière des Etats. Réunir son financement constitue en fait une opération d'une complexité et d'une ampleur inédites. Les actionnaires fondateurs de FM/CTG souscrivent 460 millions de francs en septembre 1986. Un mois plus tard, des investisseurs institutionnels apportent 2 milliards de francs supplémentaires. En novembre 1987, une augmentation publique de capital permet d'obtenir auprès d'investisseurs et d'un large public les 7,7 milliards de francs nécessaires. 50 milliards de francs de lignes de crédits viennent alors d'avoir été obtenus auprès d'un syndicat bancaire international et de la Banque européenne d'investissement.

L'émission publique d'actions donne lieu à une grande campagne d'information financière. Sa réussite, un mois après le krach boursier d'octobre 1987, est favorisée par la signature d'une convention d'utilisation accordant 50% de la capacité du Tunnel aux compagnies de chemin de fer. La décision de construire une ligne TGV Nord de Paris à l'entrée française du Tunnel favorise aussi l'adhésion du public.

CHAPITRE 2

De juillet 1986 à juin 1987

En attendant la ratification

La France et la Grande-Bretagne ont choisi officiellement le projet Eurotunnel en janvier 1986, conclu un traité en février et signé l'acte de concession du Tunnel sous la Manche en mars. Cependant, deux incertitudes majeures subsistent : les Parlements donneront-ils finalement leur accord, sans lequel la concession ne peut entrer en vigueur ? Les capitaux privés et les crédits bancaires nécessaires à la réalisation du projet pourront-ils être réunis ?

De la mi-1986 à la mi-1987, le projet s'organise sans attendre. Le contrat de construction est signé en août entre Eurotunnel et TML tandis que Atkins/SETEC est désigné comme Maître d'Oeuvre. Eurotunnel recrute les deux dirigeants qui conduiront ensemble le projet jusqu'à l'ouverture : André Bénard et Alastair Morton. Le concessionnaire travaille à obtenir les soutiens politiques, les autorisations administratives et les financements qui sont indispensables au véritable démarrage du projet, tâche qui implique un gros effort de communication vis-à-vis des décideurs et de l'opinion publique. Autre priorité : un accord avec la SNCF et British Rail est négocié et conclu en mai, ce qui garantit la desserte ferroviaire du Tunnel.

Pendant ce temps, TML prépare le chantier. L'objectif fixé est de lancer les forages dès la fin de 1987, ce qui demande un énorme travail d'études et de planification. Les premiers tunneliers doivent être commandés dès 1986 ; les usines de préfabrication du revêtement des tunnels sont mises en chantier. Enfin, il faut aménager les bases de lancement des forages ; du côté anglais, il est encore trop tôt pour pouvoir prendre possession de Shakespeare Cliff ; en revanche, du côté français, l'autorisation de construire l'énorme puits de Sangatte a été obtenue dès la fin de 1986.

Au milieu de l'année 1987, il ne manque donc plus que le feu vert définitif des Etats. Le Parlement français l'a donné au printemps. En Grande-Bretagne, le processus est retardé par les élections législatives de juin 1987.

Des deux côtés de la Manche, l'obtention des autorisations politiques et administratives a représenté un véritable marathon.

1986

13 août :

Contrat de construction entre Eurotunnel et TML ; Atkins / SETEC Maître d'Oeuvre.

25 septembre :

André Bénard succède à Jean-Paul Parayre comme coprésident français d'Eurotunnel.

29 octobre :

2 milliards de francs apportés à Eurotunnel par des investisseurs privés.

3 novembre :

L'usine de préfabrication de l'île de Grain mise en chantier.

4 novembre :

Permis de construire le puits de Sangatte.

17 novembre :

Lancement des forages de reconnaissance en mer.

1987

2 février :

Le Channel Tunnel Bill est adopté en troisième lecture à la Chambre des communes et transmis pour examen final à la Chambre des lords.

20 février :

Alastair Morton succède à Lord Pennock comme coprésident britannique d'Eurotunnel.

20 mars :

Présentation à Ashford de maquettes de navettes.

23 mars :

Dix millième visiteur dans le train-exposition itinérant d'Eurotunnel.

22 avril :

Vote unanime de l'Assemblée nationale française en faveur du Tunnel.

12 mai :

La Banque européenne d'investissement accorde 10 milliards de francs au projet.

4 Juin :

Vote unanime du Sénat français en faveur du Tunnel sous la Manche.

En décembre 1986, une plate-forme entame une série de dix forages au large de Shakespeare Cliff. Des sondages de terrain sont nécessaires : un mur devra être construit en mer ; il délimitera un des lagons qui recueilleront les déblais des forages. Pendant ce temps, les données topographiques du projet de 1974-1975 sont affinées grâce à des relevés par satellite qui serviront de référence pour les forages des tunnels.

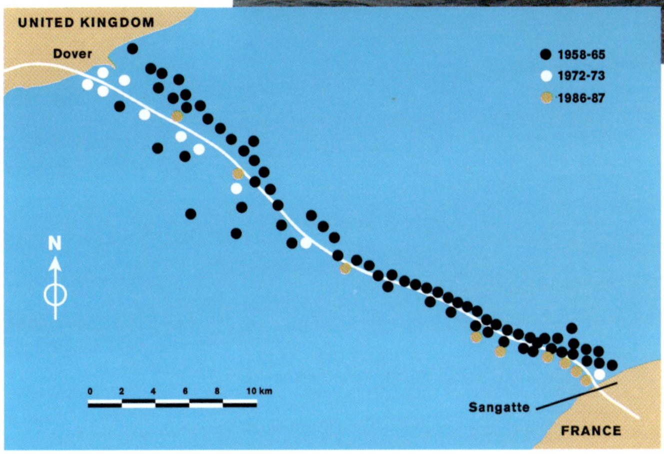

Les premières études géologiques du détroit du Pas de Calais remontent au XIXe siècle mais les premières investigations perfectionnées datent des années 1950. La centaine de forages de reconnaissance effectuée en 1964-1965 et en 1972-1973 a conduit à fixer un premier tracé. En 1986-1987, TML entreprend cependant douze forages supplémentaires par plate-forme off-shore. A la suite de ces reconnaissances, le tracé initial est légèrement modifié.

Une difficulté inattendue... Le bouchon de béton "tendre" se révèle très dur! Le tunnelier Priestley a été entretenu pendant plusieurs années, à partir de 1975, dans l'espoir d'une reprise du projet. Il a finalement été démonté. En 1987, seule reste la tête de forage murée dans le béton.

Shakespeare Cliff en décembre 1986. Comme en 1974-75, la plate-forme au pied de la falaise va servir de base logistique aux chantiers souterrains. Hérité du projet précédent, un tunnel routier relie le sommet de la falaise à la plate-forme : la sortie, desservie par une rampe, apparaît ici. Pour la période des travaux, des bâtiments provisoires sont construits dans la vallée Aycliffe, à gauche de l'image.

La ligne de chemin de fer longeant le bas de la falaise présente un intérêt logistique majeur. Au plus fort des travaux, 7 500 tonnes d'approvisionnements arriveront chaque jour par rail sur le site. Un deuxième "héritage" des années 1970 : une pile de voussoirs. Ils ne pourront pas être utilisés pour revêtir les tunnels car le diamètre de ceux-ci a été augmenté. Ces vieux voussoirs seront jetés à la mer pour être recouverts de déblais par la suite.

Pendant douze ans, l'accès sous Shakespeare Cliff fut barré. Le site souterrain était cependant inspecté régulièrement. En 1986-1987, au cours de la procédure parlementaire, le ministère britannique des Transports autorise quelques travaux préparatoires, comme retirer les restes du tunnelier de 1975.

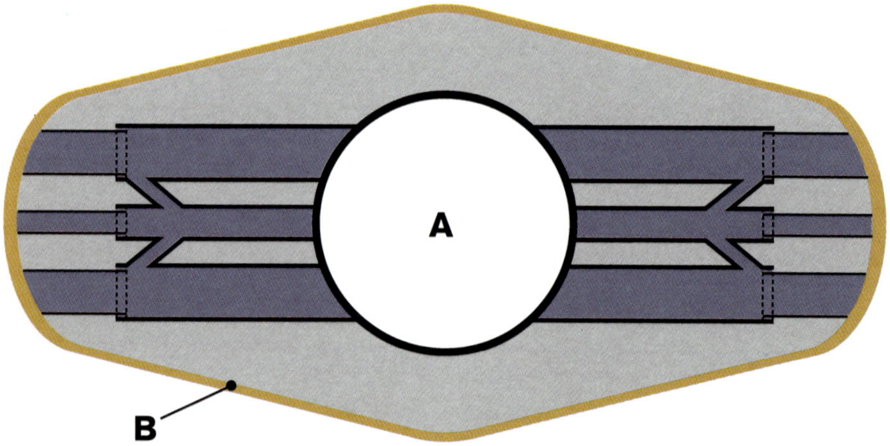

Le puits de Sangatte est creusé à l'intérieur d'une enceinte protectrice de béton. Cette paroi descend jusqu'à une profondeur de 42 mètres au-dessous du niveau de la mer. En forme d'ellipse de 200 mètres sur 100, cette enceinte isolante réduit considérablement les arrivées d'eau ; la nappe phréatique qui alimente les localités environnantes est ainsi préservée.

A Le puits de Sangatte et les futures gares creusées avant l'arrivée des tunneliers.
B L'enceinte étanche.

En mars 1987, le chantier de construction du puits de Sangatte bat son plein, en bord de mer. De ce puits géant de 55 mètres de diamètre intérieur et de 65 mètres de profondeur seront lancés les forages à 30 mètres au-dessous du niveau de la mer. Une ellipse entoure le puits. Elle marque l'enceinte protectrice construite en janvier-février.

Le puits est creusé à l'intérieur d'une paroi bétonnée au préalable. La rampe empruntée par les camions pour évacuer les déblais finit par être démantelée lorsque les 12 mètres de profondeur sont atteints. Le limon est maintenant ramassé par des pelles mécaniques puis évacué par bennes d'une vingtaine de tonnes.

Au début de 1987 s'ouvre le premier grand chantier du projet : le creusement de l'énorme puits de Sangatte, capable de contenir l'Arc de triomphe.

En juin 1987, le puits de Sangatte a atteint la profondeur des tunnels, à trente mètres en-dessous du niveau de la mer. Des vides laissés dans le revêtement intérieur du puits indiquent l'emplacement des cavités d'assemblage des tunneliers, futures gares souterraines. Celles-ci seront en grande partie creusées avant que l'évidement du puits ne reprenne, dans la craie.

Une excavatrice entame une des futures gares autour du puits. Ces engins très maniables, contrairement aux tunneliers, permettent de creuser en sol tendre des cavités de tailles très diverses.

CHAPITRE 3

22 juillet :

Adoption du Channel Tunnel Act par le Parlement britannique.

29 juillet :

François Mitterrand et Margaret Thatcher officialisent la ratification du traité du Tunnel sous la Manche.

29 juillet :

Eurotunnel signe la Convention d'utilisation ferroviaire du Tunnel avec la SNCF et British Rail.

9 octobre :

Le gouvernement de Jacques Chirac annonce la construction du TGV Nord qui reliera Paris au Tunnel.

Octobre :

Le Centre d'information d'Eurotunnel ouvre sur le site de Sangatte.

4 novembre :

La convention de Crédit est signée entre Eurotunnel et un syndicat bancaire international qui apporte 50 milliards de francs de lignes de crédit.

7 novembre :

Le premier train chargé de voussoirs part de l'île de Grain.

27 novembre :

Une augmentation publique de capital permet à Eurotunnel de recueillir 7,7 milliards de francs.

30 novembre :

Raymond Barre visite le site français.

De juillet à novembre 1987

Feu vert au projet

Une fois l'accord du parlement britannique obtenu, les travaux peuvent s'engager sérieusement à Shakespeare Cliff où l'activité devient rapidement aussi intense qu'à Sangatte : dès la fin du mois de septembre, TML emploie 1.100 personnes en France et 1 500 en Angleterre.

Le traité ratifié, le financement réuni, la voie est maintenant libre pour lancer les forages. A la fin du mois de septembre 1987, TML emploie déjà 2 600 personnes.

Au début du mois d'octobre, le gouvernement français annonce qu'une nouvelle ligne TGV sera construite entre Paris et le Tunnel sous la Manche. Cette décision donne un nouvel élan au projet. En effet, la réduction du temps de transport rend le rail compétitif, d'autant plus que la ligne aérienne Paris-Londres est la plus chargée d'Europe.

Du côté britannique, aucun projet de train à grande vitesse n'est envisagé dans l'immédiat. La ligne Folkestone-Londres doit seulement être rénovée avant l'ouverture du Tunnel, même si, à long terme, une ligne à grande vitesse serait nécessaire du fait de l'engorgement du trafic au sud-est de Londres.

La nouvelle de la construction d'une ligne TGV Nord contribue fortement à la réussite de la campagne de financement d'Eurotunnel, qui s'achève avec succès à la fin du mois de novembre, malgré le krach d'octobre.

Pendant ce temps, les préparatifs du lancement du premier forage avancent rapidement du côté britannique, où il s'agit en quelque sorte de reprendre le forage de la galerie de service arrêté en 1975. Du côté français, la livraison du tunnelier Robbins, également pour la galerie de service, est retardée : la faillite d'un sous-traitant a bouleversé le programme de fabrication.

La seconde descenderie reliant la plate-forme de Shakespeare Cliff au chantier souterrain est creusée par une excavatrice sur chenilles. Le revêtement a été réalisé avec la «nouvelle méthode autrichienne de creusement de tunnels» (NATM). Les travaux ont duré de novembre 1987 à mai 1988. En haut à gauche, on voit l'entrée du tunnel routier menant au sommet de la falaise.

Inventée à la fin des années 1950, la NATM peut se revéler beaucoup plus rapide que les méthodes traditionnelles. Son principe : revêtir la voûte d'un tunnel en projetant une couche de béton à prise rapide sur une structure de renfort posée contre la paroi, généralement un maillage d'acier.

Au début de septembre 1987, une cloison en bois cache temporairement la paroi. Le tunnelier va être assemblé dans cette chambre sous mer. Pendant ce temps, TML met en place la logistique du forage : chemin de fer de construction, alimentation électrique, ventilation, pompage, évacuation des déblais et approvisionnement en voussoirs qui revêtiront le tunnel.

A la fin de l'été, les équipements et les approvisionnements commencent à s'accumuler au pied de Shakespeare Cliff. On peut voir trois locomotives équipées d'une crémaillère pour franchir les pentes de 15% dans la galerie d'accès. Au centre, des composants du tunnelier attendent de rejoindre la chambre de montage.

A partir de l'été 1987, les matériels de chantier s'accumulent au pied de Shakespeare Cliff.

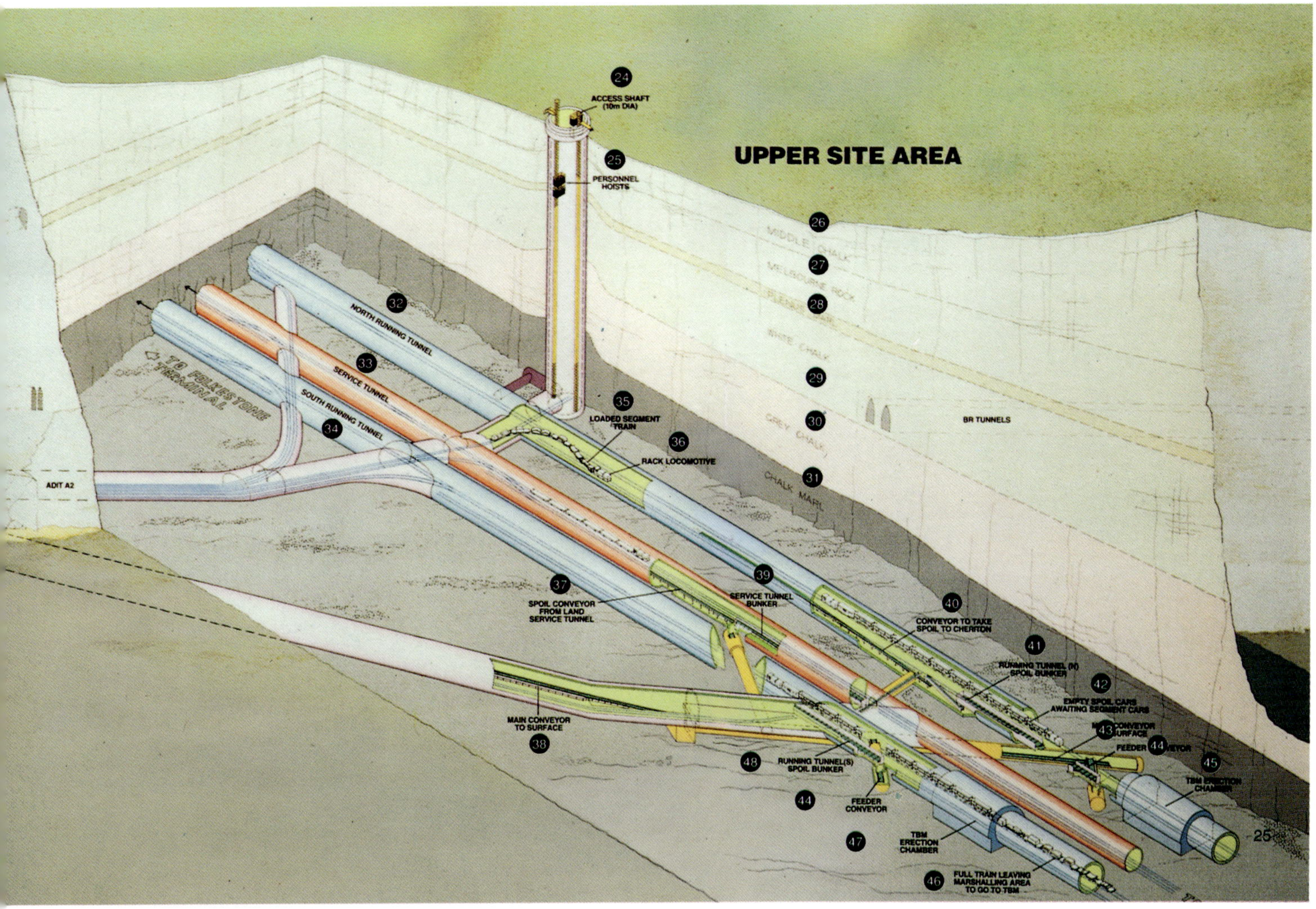

1. Portiques de 20 tonnes à translation rapide
2. Un train chargé de voussoirs
3. Piles de voussoirs
4. Zone de déchargement des trains d'approvisionnement en agrégats
5. Silos de ciment
6. Centrales à béton et trémies de stockage du ciment
7. Stocks d'agrégats
8. Accès au sommet de Shakespeare Cliff
9. Portail des tunnels de la ligne British Rail vers Douvres
10. Tunnel de liaison entre le sommet et le pied de Shakespeare Cliff
11. Train venant s'approvisionner en voussoirs
12. Entrée de la descenderie A2
13. Ventilateurs
14. Laboratoire d'essai des matériaux
15. Atelier
16. Tunnels de la ligne British Rail
17. Descenderie A1
18. Dépôt d'engins de chantier
19. Ateliers pour les locomotives de chantier
20. Principal tapis roulant d'évacuation des déblais
21. Déblais en attente d'évacuation vers un lagon
22. Accès au chantier de construction d'un mur en mer
23. Unité de transfert d'un tapis roulant
24. puits d'accès de 10 m de diamètre
25. Ascenseurs pour le personnel
26. Craie intermédiaire
27. Craie noduleuse
28. Marne de Plenus
29. Craie blanche
30. Craie grise
31. Craie bleue
32. Tunnel ferroviaire nord
33. Tunnel de service
34. Tunnel ferroviaire sud
35. Train de voussoirs chargé
36. Locomotive à crémaillère
37. Tapis roulant pour les déblais du tunnel de service sous terre
38. Principal tapis roulant d'évacuation des déblais à la surface
39. Trémie de réception des déblais du tunnel de service
40. Tapis roulant d'évacuation des déblais
41. Trémie de réception des déblais du tunnel ferroviaire nord
42. Wagons de déblais en attente des wagons transporteurs de voussoirs
43. Principal tapis roulant d'évacuation des déblais vers la surface
44. Tapis roulant intermédiaire
45. Chambre de montage de tunnelier
46. Train d'approvisionnements quittant la zone de triage pour se diriger vers le tunnelier
47. Chambre de montage de tunnelier
48. Trémie de réception des déblais du tunnel ferroviaire sud

A la fin de 1987, les amorces des tunnels sont en construction au niveau intermédiaire du puits de Sangatte, à 28 mètres sous le niveau de la mer.

En septembre, le creusement de la gare ferroviaire sud de chantier commence *(à gauche)*, alors que les travaux du tunnel de service sont déjà bien avancés *(à droite)*. La moitié supérieure est forée et revêtue en premier ; la moitié inférieure est creusée ensuite, en partant de son centre.

Deux mois plus tard, la structure métallique qui supportera le plancher au niveau des tunnels est posée. Le creusement du fond du puits a repris dès le mois d'août, pour s'achever avant la fin de l'année.

Quatre piliers de 2 mètres de diamètre émergent du fond du puits. Ils soutiennent le plancher métallique sur lequel passeront des millions de tonnes d'approvisionnements et de déblais durant les années suivantes.

CHAPITRE 4

De décembre 1987 à juin 1988

Deux forages pilotes démarrent

A la fin de février 1988, les deux premiers tunneliers creusent de chaque côté du tunnel de service sous mer, tandis que d'autres tunneliers doivent être prochainement livrés. Maintenant que le financement du projet est en place, le chantier prend rapidement une ampleur impressionnante, possibles pour une ligne à grande vitesse. Pendant ce temps, le gouvernement français annonce la construction de l'interconnexion TGV en région parisienne, qui contournera Paris et reliera le TGV Nord aux lignes Sud-Est, Atlantique, en attendant le TGV Est.

Les premiers tunneliers démarrent, l'énorme logistique des forages est installée, les travaux s'engagent sur les terminaux : le grand chantier est en place.

dans les tunnels mais également sur les sites des terminaux, dont les terrassements commencent.

Alastair Morton, coprésident britannique, demande au gouvernement britannique de reconsidérer le financement d'une ligne ferroviaire à grande vitesse entre Londres et le Tunnel ; British Rail répond en proposant quatre tracés

Cependant, le forage des deux tunnels de service prend du retard, en particulier du côté français. Le tunnelier «semi-ouvert» Robbins est quasiment un prototype. Incomplètement testé en usine faute de temps, il est confronté au terrain le plus difficile au tout début du forage. La mise au point est très laborieuse.

1987
1er décembre :

Le forage du tunnel de service sous mer commence du côté anglais.

1988
27 janvier :

Le tunnelier du tunnel de service français arrive à Dunkerque.

1988
28 janvier :

François Mitterrand visite le chantier de Sangatte.

5 février :

Margaret Thatcher visite les tunnels à Shakespeare Cliff et prend les commandes du tunnelier du tunnel de service.

28 février :

Le tunnelier de service sous mer T1 démarre.

Fin mars :

Premier kilomètre de tunnel de service sous mer foré du côté anglais.

28 juin :

Le tunnel de service sous terre T4 commence du côté français.

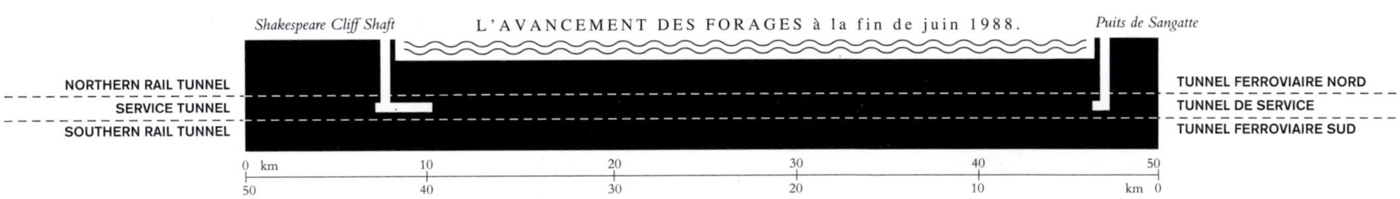

Tête de forage du tunnelier qui creusera le tunnel ferroviaire nord sous la mer du côté britannique. D'un diamètre de 9 mètres, elle est déjà impressionnante, même si quatre seulement de ses huit bras hérissés de pics sont entiers. Cette tête effectuera jusqu'à 3,3 tours par minute avec une poussée atteignant 4 220 tonnes.

Comment fonctionne un tunnelier ?

Les molettes et les pics en métaux spéciaux sont véritablement les dents des têtes de forage. Côté britannique, les pics sont plus adaptés au terrain sec. En revanche, les tunneliers français coupent la roche avec leurs molettes, puis les pics l'arrachent du front de taille.

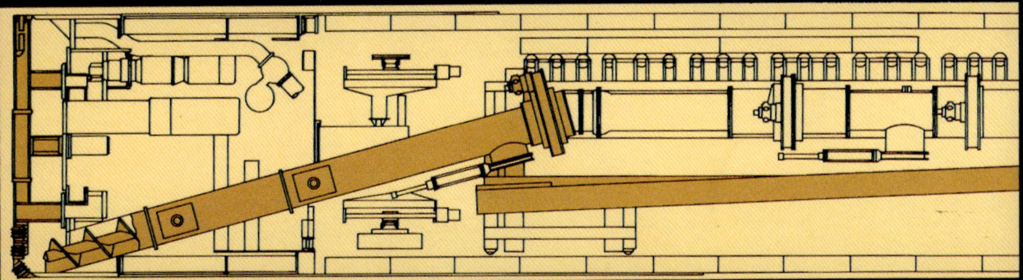

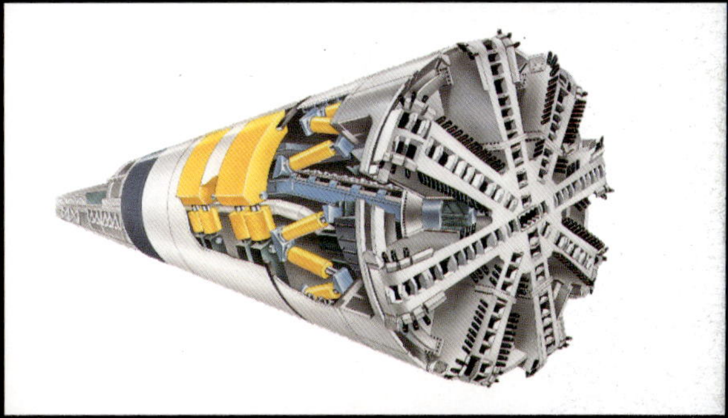

De derrière la tête d'un tunnelier ferroviaire Kawasaki côté français en cours de montage, on voit clairement deux branches télé-scopiques. En mode ouvert, la tête de forage s'appuie sur elles pour forer en avançant tout en gardant fixe l'arrière du tunnelier, ce qui permet de poser un anneau de revêtement tout en continuant à forer.

Une grosse molette de plus de 20 kilos est remplacée ; dans les terrains les plus compacts, ces molettes destinées à désagréger la roche étaient parfois usées au bout de 500 mètres.

La tête de forage d'un tunnelier français vue de l'intérieur avant lavage. Ces tunneliers sont soumis à une maintenance légère quotidienne, et à un contrôle plus important une fois par semaine. Une fois par mois, les têtes de forages sont lavées et examinées en détail.

Evacuer les déblais.

La craie extraite est transportée sur tapis roulant, le long du train technique, jusqu'au point où elle peut être déversée dans un wagon de déblais d'un train de chantier.

Dans un tunnelier anglais, un tapis roulant incliné évacue les déblais du forage vers le train technique, pendant que l'équipe chargée du revêtement pose un anneau de voussoirs.

Les trains qui apportent les voussoirs au tunnelier servent également à évacuer les déblais dans des berlines en direction du puits de Sangatte ou de Shakespeare Cliff.

Une vis d'Archimède de plus de 1 mètre de diamètre attend d'être installée sur un des tunneliers français. Elle servira à évacuer les déblais liquides à travers la paroi étanche séparant l'arrière du tunnelier du front de taille.

Poser le revêtement des tunnels.

Les tunnels sont revêtus d'anneaux de voussoirs en béton armé : huit dans les tunnels ferroviaires, six pour le tunnel de service du côté anglais outre une pièce plus petite appelée «clé» ; côté français, un anneau comporte cinq voussoirs plus une clé.

La progression des tunneliers est souvent mesurée en nombre d'anneaux de revêtement posés ; un anneau correspond à 1,5 m en tunnel côté anglais, 1,4 ou 1,6 m en tunnel côté français. Les voussoirs destinés à un anneau déterminé sont regroupés à l'avance à Sangatte ou au pied de Shakespeare Cliff, avant de partir pour le front de taille.

Le train d'approvisionnement peut s'avancer sur les voies de chantier à l'intérieur du train technique. Ici, un voussoir va être soulevé par un bras-ventouse, tourné à 90 degrés puis posé sur un tapis roulant au sommet du train technique.

Sur le toit du train technique, un tapis roulant apporte un voussoir au tunnelier. Sur certains tunneliers, pour libérer la place sur le sommet du train technique, les voussoirs ont été acheminés à un étage inférieur.

Dans un tunnel ferroviaire, le bras érecteur (en blanc) vient de poser un voussoir de côté contre la paroi. Une fois l'anneau posé, les vérins hydrauliques vont s'appuyer sur lui pour pousser le tunnelier et tirer le train technique.

Dans les tunnels côté français, les voussoirs sont boulonnés entre eux et à l'anneau précédent. Les bras érecteurs sont dirigés par un tableau de commande ressemblant au clavier d'un accordéon.

Le voussoir plancher est posé le premier. Sur ce tunnelier de service côté anglais, les trois voussoirs inférieurs sont posés par une grue. Les voussoirs du haut, eux, sont mis en place par un bras érecteur tournant à 180 degrés. Du côté anglais, le tunnelier de service sous terre se distingue de son équivalent sous mer par son diamètre supérieur, qui permet de poser des voussoirs plus épais.

Les mortiers à prise rapide doivent être mélangés au dernier moment dans le train technique, juste avant emploi.

Un ouvrier injecte du mortier à travers le revêtement. Côté français, les voussoirs sont posés à l'intérieur de la «jupe» du tunnelier, qui laisse donc un vide autour du revêtement quand il avance. Cet espace est comblé par plusieurs séries d'injections de différents coulis et mortiers.

Une cabine de pilotage à l'avant du train technique contrôle les quelque sept cents moteurs et mécanismes qui font fonctionner les énormes taupes mécaniques que sont les tunneliers. La direction du forage est programmée avec précision. Tout écart est corrigé en réglant la direction des vérins.

Une mire de visée
fixée à la paroi du
tunnel est traversée
par le faisceau laser.

Le train technique doit être continuellement nettoyé à la lance pour éviter l'accumulation de boue. Du côté français, des mesures énergiques de nettoyage ont dû être adoptées du fait de l'accumulation de déblais tombés dans les tunnels.

La remorque avant du train technique du tunnelier ferroviaire sous terre est descendue dans le puits de Sangatte. Elle va être rattachée à l'arrière du tunnelier que l'on devine dans sa gare. La cabine de pilotage est sur la partie gauche du «U renversé».

Au centre du train technique, un espace libre va permettre le passage de deux trains (d'un seul dans le tunnel de service) sur des voies de chantier d'écartement réduit. Les rails de construction sont posés en avant du train technique.
Du côté britannique, les rails de construction sont posés sur du ballast dans les tunnels ferroviaires et vissés à une plaque de béton dans le tunnel de service.

De grosses conduites alimentent le front de taille en air frais, chassant l'air vicié vers l'arrière. Du fait de la chaleur et de la poussière, les besoins de ventilation sont importants, même si les principaux trains de chantier sont à traction électrique.

Les voies de chantier de 90 centimètres de large sont posées sous le train technique d'un des tunneliers français. De ce côté, les voies sont montées sur des poutrelles métalliques fixées aux voussoirs. Des chemins pour piétons sont montés entre les rails et cachent les boues tombées au fond du tunnel. A partir de l'avant, on peut voir la poutrelle qui supporte les roues du train technique.

Diverses dates de démarrage et de fin de forage ont été publiées pour les tunneliers, car ces événements sont difficiles à... définir. Un tunnelier peut s'attaquer à la roche pendant ses essais, et ne démarrer réellement le travail que deux semaines plus tard. La pose du premier anneau est parfois décalée, car elle ne peut commencer que quand le tunnelier est sorti de sa chambre de montage.
Comme on le verra dans le chapitre 10, quand les tunneliers ferroviaires sous mer ont fait leur jonction, les tunneliers côté britannique ont posé leur dernier voussoir dans l'alignement prévu, puis ils ont été dirigés vers le bas avant d'être enterrés hors du tracé du tunnel. Les machines côté français ont mis plus d'une journée pour passer au-dessus de leur vis-à-vis britannique et réaliser la jonction.
Ici, les dates de début des forages sont celles mentionnées dans les rapports internes. Les dates de fin de forage sont celles du dernier anneau de voussoirs posé ou de la percée effectuée.
La longueur des forages est elle aussi difficile à définir. Les distances reportées ici correspondent à la longueur totale des tunnels à partir de points de référence établis à Shakespeare Cliff et au puits de Sangatte. Elles peuvent comprendre les petites sections de tunnel où les tunneliers ont été montés et qui ont donc été creusées à l'aide d'autres techniques.

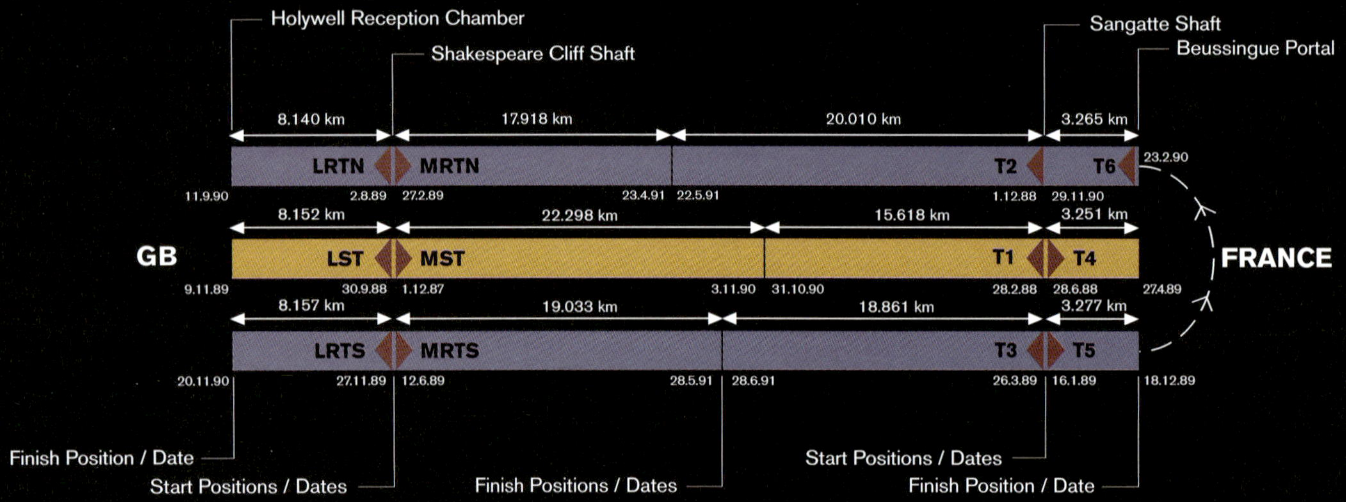

* Les tunneliers T5 et T6 sont en fait un seul engin. Après que ce tunnelier a achevé le tunnel ferroviaire sud de Sangatte au portail de Beussingue, le T5 a été retourné et, rebaptisé T6, il a foré le tunnel ferroviaire nord en direction de Sangatte.

		TBM	Bore	Length	Manufacturer
GB	Landward Drives	LRTN/LRTS	8.72 m	253 m	Howden
		LST	5.76 m	225 m	Howden
	Undersea Drives	MRTN/LRTS	8.38 m	230m	Robbins-Markham
		MST	5.26 m	225m	Howden
FRANCE	Landward Drives	T5/T6 (LRTS/N)*	8.62 m	211 m	Marubeni-Mitsubishi
		T4 (LST)	5.59 m	204 m	Marubeni-Mitsubishi
	Undersea Drives	T2/T3 (MRTN/S)	8.72 m	265 m	Robbins-Kawasaki
		T1 (MST)	5.72 m	318 m	Robbins

Le tunnelier de service sous mer côté britannique lancera les forages le 1er décembre. Au début d'octobre 1987, sa tête de forage est en cours de montage dans la chambre où son prédécesseur avait été démantelé. L'engin a été fabriqué et testé à Howdens en Ecosse, puis démonté pour être transporté sous Shakespeare Cliff. Comme le diamètre du tunnel de service sera de 4,80 m, 30 centimètres de plus qu'en 1975, il faudra attendre que le tunnelier ait suffisamment avancé pour que son train technique définitif, trop large, soit monté.

Le premier forage de tunnel avancera de 785 mètres en quatre mois, une performance honorable pour un début de forage. Le grand convoyeur de déblais n'est alors même pas encore installé. En plus du revêtement, le tunnelier de service laisse derrière lui un plancher en dalles de béton posées sur les «marches» des voussoirs inférieurs. Ces dalles resteront définitivement dans le tunnel, l'espace libre sous elles servant de conduit d'évacuation des eaux.

A la mi-février 1988, le premier mur marin est construit au pied de Shakespeare Cliff pour délimiter le premier lagon où l'on entassera les déblais des forages. C'est la meilleure solution qui a été trouvée pour entreposer les déblais le plus près possible sans nuisances ; évacuer d'énormes quantités de déblais aurait été gênant pour le voisinage.

Du bas de Shakespeare Cliff, on voit la nouvelle descenderie achevée au printemps *(à gauche)*. Les travaux souterrains préparatoires aux futurs forages en seront nettement facilités : il faut creuser l'amorce de chacun des tunnels grâce à des excavatrices et à des engins de mine.

Cette caverne souterraine va servir de chambre de montage au tunnelier ferroviaire nord. Après son creusement, la cavité est revêtue grâce à la «nouvelle méthode autrichienne» : le treillage métallique posé contre la paroi est aspergé de ciment. Cette technique permettra la construction rapide sous Shakespeare Cliff des chambres de montage des quatre tunneliers ferroviaires côté anglais.

Le premier tunnelier côté français est déchargé à Dunkerque le 27 janvier 1988 en provenance de Portland aux Etats-Unis. Cette machine de forage de 470 tonnes destinée à creuser le tunnel de service sous mer a été construite par l'américain Robbins, comme son prédécesseur de 1975. En association avec Kawasaki de ce côté, Markham côté anglais, Robbins a construit tous les tunneliers ferroviaires sous mer du projet.

Le deuxième tunnelier arrivé à Sangatte (T4) a été construit, lui, par Mitsubishi. Il creusera le tunnel de service en direction du terminal France. Le pont roulant de 430 tonnes de capacité descend prudemment la délicate machine dans le puits de Sangatte à 6 mètres à l'heure, du 10 au 11 mai 1988.

A son arrivée au fond du puits, le tunnelier Mitsubishi est baptisé «Virginie» ; le premier s'appelait «Brigitte» . Il va maintenant être transporté sur rail de chantier dans sa «chambre» pour démarrer le creusement deux mois plus tard.

A la mi-mars 1988, la halle nord-sud du puits de Sangatte est prête à être recouverte. Des voussoirs destinés aux tunnels ferroviaires attendent déjà d'être descendus dans le puits par deux ponts roulants de 60 tonnes ; les «petits» voussoirs du tunnel de service, eux, seront pris en charge dans la halle est par un pont roulant de 30 tonnes.

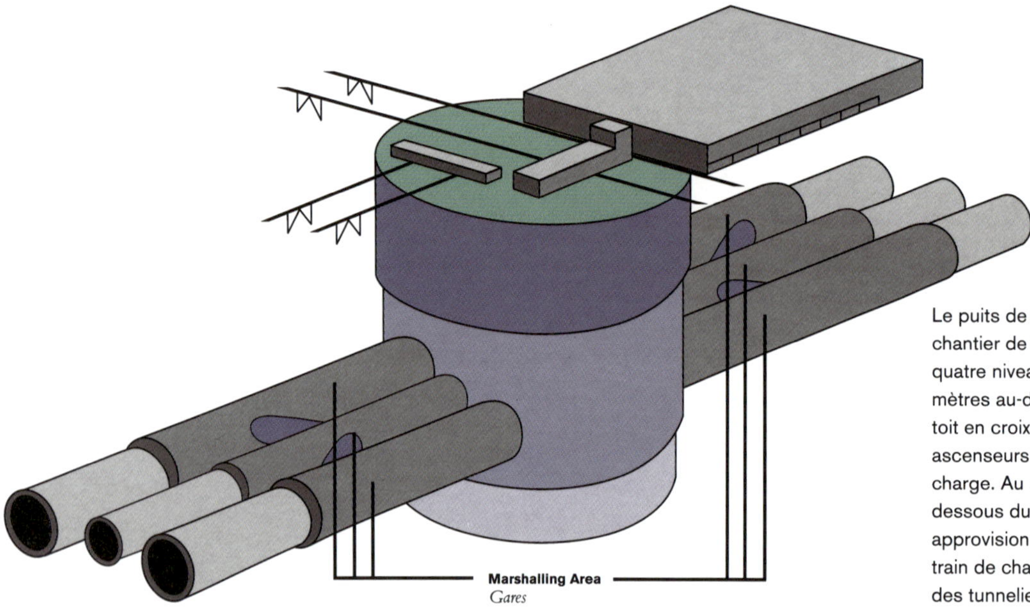

Le puits de Sangatte est le coeur logistique du chantier de forage côté français. On distingue quatre niveaux principaux : en surface (à 18 mètres au-dessus de la mer), il est couvert d'un toit en croix qui abrite quatre ponts roulants, deux ascenseurs pour le personnel et trois monte-charge. Au niveau des tunnels (à 28 mètres au dessous du niveau de la mer) le personnel et les approvisionnements sont pris en charge par le train de chantier et les déblais en provenance des tunneliers sont déversés vers le fond du puits. A moins 43 mètres, les déblais sont transformés en boue homogène, laquelle est versée à moins 47 mètres, d'où elle est pompée vers la retenue de Fond Pignon.

La partie basse des gares des tunnels ferroviaires est revêtue de béton. Ces gares seront terminées dès le milieu de l'année 1988, pour accueillir rapidement les tunneliers attendus.

Au début de 1988, le fond du puits de Sangatte est construit ; à moins 43 mètres, l'installation des grandes cuves de délayage des déblais peut commencer. Les premiers déblais sont donc traités par un dispositif provisoire.

A la fin de juin 1988, le site de Sangatte a son allure de toute la période de forage : au premier plan, un bassin tampon, des zones de stockage, des bâtiments de chantier et des parkings ; plus loin, le puits est recouvert de son toit en croix ; enfin, en haut à droite, l'usine de préfabrication des voussoirs avec sa zone de stockage.

Durant l'été de 1988, la digue de Fond Pignon première manière est construite et prête à recevoir 1,4 million de mètres cubes de déblais. Sa crête atteint 730 mètres de longueur, sur 19 mètres de hauteur maximale. La construction a demandé plus d'un demi-million de mètres cubes de terrassements.

Dès le mois d'août 1987, la construction d'une digue commence à flanc de colline à 1,5 km du puits de Sangatte. C'est là que les déblais liquides des forages côté français vont être déversés, recouvrant un terrain défiguré par les trous d'obus et les ruines de blockhaus hérités de la Seconde Guerre mondiale.

Le premier arrivé des grands tunneliers ferroviaires est équipé à Dunkerque. Produit conjointement par Kawasaki et Robbins, il a été débarqué le 8 juin 1988 pour démarrer avant la fin de l'année.

Comment sont produits les voussoirs qui revêtent les tunnels anglais.

La première chaîne de production en octobre 1987. Elle suivait un trajet rectangulaire: au premier plan, les voussoirs débouchent du tunnel de séchage *(à gauche)* ; ils sont sortis de leurs moules puis placés dans des enveloppes thermiques pour éviter qu'ils ne refroidissent trop vite. Les moules vides sont ensuite munis d'armatures en acier puis remplis de béton et placés au bout du tunnel de séchage. Ce cycle de production dure sept heures en tout.

Les voussoirs qui revêtent les tunnels ne sont pas coulés sur place mais préfabriqués. Côté français, l'usine de préfabrication a été construite sur le site de Sangatte. Comme au pied de Shakespeare Cliff la place manquait, le chantier britannique est approvisionné par train.

Les agrégats de granit utilisés pour produire le béton des voussoirs britanniques viennent d'Ecosse par bateau. Par conséquent, TML a choisi de construire l'usine de préfabrication au nord du Kent, sur l'île de Grain, entre la Tamise et la Medway. La production a commencé en octobre 1987. En juin 1988, huit chaînes de production fabriquent plus de mille unités par jour.

Pas moins de 268 différents types de voussoirs d'une qualité remarquable sortaient de l'usine. En tout, quelque 445.000 voussoirs seront produits pour les tunnels britanniques, à partir d'un million de tonnes d'agrégats, de 200 000 tonnes de ciment et de 44 500 tonnes d'armatures d'acier. Pour accroître l'imperméabilité du béton, 90 000 tonnes de cendre pulvérisée seront même inclus dans le mélange. Au total, le béton des voussoirs du Tunnel sous la Manche sera le plus solide jamais produit : sa résistance mécanique est presque double de celle du béton utilisé pour la chambre de pression des réacteurs de centrale nucléaire !

L'usine de l'île de Grain en mai 1989. Quand elle tournait à plein, elle produisait à elle seule plus de béton que toutes les usines de préfabrication britanniques réunies.

Le soudage d'une armature en acier.

L'armature est placée dans un moule.

Un voussoir entame son parcours de cinq heures dans le tunnel de séchage.

Chaque voussoir repose au moins quatre semaines avant d'être acheminé en train spécial pouvant peser 2 200 tonnes ; pour éviter toute pente raide, il arrive à Shakespeare Cliff en décrivant une large courbe de 158 kilomètres.

Un contrôle de qualité très rigoureux est effectué à toutes les étapes de production. La proportion des voussoirs produits qui est rejetée pour non-conformité est très basse. C'est un très beau résultat car les normes sont très sévères : dans certains cas,moins de 0,1 cm d'écart est toléré par rapport à la norme idéale.

Comment sont produits les voussoirs qui revêtent les tunnels français

Côté britannique, les voussoirs des tunnels sont conçus pour terrain sec, alors que, côté français, ils sont spécialement adaptés aux terrains humides. C'est une différence fondamentale : les voussoirs français sont équipés de joints étanches en Néoprène capables de résister à une forte pression d'eau. Dès qu'ils sont posés, les voussoirs sont boulonnés entre eux pour les maintenir en contact serré. L'ajustement entre anneaux successifs doit être parfait, même quand le tunnel change de direction. C'est pourquoi, côté français, chaque anneau est légèrement plus petit d'un côté. Tant que les «côtés courts» sont rigoureusement alternés, le tunnel avance en ligne droite. Pour infléchir la direction, il suffit de placer plusieurs côtés courts à l'intérieur de la courbe désirée. Les anneaux français sont donc de sens indéterminé à la construction. C'est pourquoi il ne fut pas possible d'inclure une marche dans les voussoirs du bas, comme du côté britannique.

A la préfabrication de Sangatte, les six chaînes utilisaient le même principe de carrousel qu'à l'île de Grain : 252 000 voussoirs de 72 types y ont été produits en tout de décembre 1987 à mai 1991, ce qui représente 563 000 mètres cubes de béton incorporant 425 000 tonnes de sable, 744 000 tonnes d'agrégats et 225 000 tonnes de ciment. La plupart des matériaux proviennent de carrières voisines de Boulogne-sur-Mer. Ces voussoirs restent plus longtemps au séchage qu'en Angleterre ; ils ont donc besoin d'être stockés moins longtemps pour atteindre la résistance voulue : après sept jours seulement, ils peuvent être regroupés par anneau puis acheminés par véhicules spéciaux vers la zone de manutention du puits de Sangatte.

Le nombre de types de voussoirs produits à Sangatte est presque quatre fois inférieur qu'à l'île de Grain. La fabrication des armatures métalliques a pu être entièrement automatisée.

L'usine de préfabrication de Sangatte en juillet 1988.

Une chaîne de production de voussoirs. Le moule reste en moyenne quatorze minutes et demie à chaque poste. Les armatures des voussoirs contiennent en tout 30 000 tonnes d'acier. Le revêtement des tunnels a été conçu pour durer cent vingt ans, en fait une durée illimitée.

Sur leurs palettes, des anneaux complets attendent de descendre dans le puits de Sangatte. Ils sont acheminés sur la zone du haut du puits par des fardiers ressemblant aux transporteurs de yachts dans les ports de plaisance.

Un voussoir est équipé d'un joint en Néoprène. Comme à l'île de Grain, les contrôles de qualité sont très rigoureux.
Pour obtenir la plus grande précision géométrique des voussoirs, ceux-ci sont moulés à plat, avec leurs quatre bords dans le moule. Des jauges de contrainte sont placées à l'intérieur de certains voussoirs répartis sur toute la longueur du tunnel pour permettre un suivi permanent de l'état du revêtement. Chaque voussoir fait l'objet d'un suivi historique informatisé qui servira à la maintenance du Tunnel pendant l'exploitation.

Les palettes de voussoirs sont descendues par pont roulant vers le niveau des tunnels ; là, elles sont déposées sur bogies pour former un wagon d'un train d'approvisionnement qui partira pour un tunnelier.

Le site du futur terminal France est particulièrement marécageux. La première tâche est de drainer et de consolider différentes zones sur une profondeur de 3 à 18 mètres. Les zones sont déblayées puis une couche de 50 centimètres de sables drainants est posée, traversée d'une forêt de drains verticaux et horizontaux.

En bas à gauche de la photo, on distingue le futur portail français du Tunnel au bout d'une tranchée dite de Beussingue rattachée par une courbe au site du terminal en arrière-plan. Vers le milieu de l'année 1988, le creusement est déjà bien engagé.

Le site du terminal anglais en octobre 1987, avant le début des travaux. Comme du côté français, le site choisi est le même que pour le projet des années 1970 ; les délais d'acquisition des terrains n'ont permis de commencer les travaux qu'au début de 1988.

Au milieu de l'année 1988, la couche superficielle a été ôtée. Les travaux de drainage et de terrassement sont engagés. Au milieu du site se trouve Biggins Wood, seule partie subsistant d'une forêt ancienne ; des mesures seront prises pour préserver cette niche écologique.

L'archéologie d'abord.

La charpente de Stone Farm date du XVIe siècle. C'est le plus intéressant des quatre bâtiments historiques qu'il faudra déplacer pour construire le terminal britannique. Il sera étudié, démonté puis reconstruit par la Société archéologique de Cantorbéry.

Trente archéologues assistés de volontaires ont fouillé systématiquement les sites des travaux côté français. Ils ont recueilli des céramiques, des os d'animaux, des armes, des bijoux et plus de trois cents squelettes humains. Cette zone semble continuellement habitée depuis le paléolithique.

Du côté anglais, la Société archéologique de Canterbury a mené les investigations archéologiques. Des fouilles ont été organisées sur les sites d'Ashford, de Douvres, du terminal, et de Holywell, montré ici, où a été mis au jour un habitat de l'âge du bronze, il y a trois mille huit cents ans.

CHAPITRE 5

Août :

Test à Ashford du wagon expérimental de chargement d'une navette à deux niveaux.

13 septembre :

Ouverture du pont de la route nationale 1, de Calais à Boulogne, au-dessus de la tranchée de Beussingue.

19 septembre :

Ouverture du Centre d'exposition d'Eurotunnel sur le site du terminal britannique.

30 septembre :

Début du forage du tunnel de service sous terre du côté britannique.

1er décembre :

Le tunnel ferroviaire nord sous mer du côté français T2 entame le creusement.

15 décembre :

TML lance un appel d'offres pour les locomotives et les wagons des navettes.

De juillet à décembre 1988

Lancement des grands tunneliers

A la fin de l'été 1988, les difficultés persistantes des tunnels de service sous mer sont en partie compensées par la bonne progression du tunnel de service français sous terre. Au printemps, le tunnel de service sous mer côté français atteint enfin la craie bleue. Du côté anglais aussi, le tunnelier se trouve en terrain sec ; il avance plus vite que prévu. Pendant l'automne et l'hiver, les travaux sur les sites des terminaux bénéficient de conditions climatiques exceptionnelles, ce qui accélère les travaux de terrassement.

Des centres d'information sont ouverts à Sangatte ainsi qu'à proximité du terminal anglais. Au fur et à mesure de l'avancée du projet, ces deux centres ont de plus en plus de succès, en particulier auprès des enfants.

Les forages prennent une dimension industrielle : à la fin de l'année, cinq tunneliers sont en activité et deux en cours de montage. La machine est lancée.

A la fin de l'année, cinq tunneliers sont à l'œuvre vingt-quatre heures sur vingt-quatre et TML emploie huit mille personnes. Il faut y ajouter tous les sous-traitants, sur site comme en dehors.

L'AVANCEMENT DES FORAGES à la fin de décembre 1988.

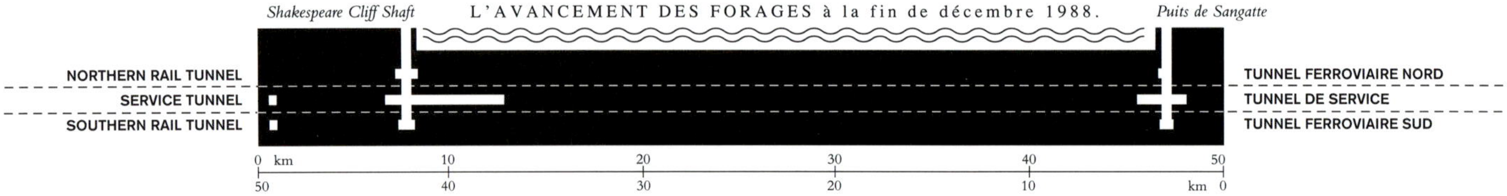

Cette chambre de montage de tunnelier sera achevée à la fin de 1988 sous Shakespeare Cliff. C'est ici que démarrera le forage du tunnel ferroviaire nord vers le terminal anglais. Cette chambre est plus grande que son équivalente côté mer. En effet, le revêtement des tunnels ferroviaires britanniques est plus épais dans la section sous terre : le tunnelier doit donc être plus grand pour creuser plus large.

En octobre 1988, le chantier britannique de Shakespeare Cliff s'est organisé. En haut de la falaise : des bureaux, des ateliers, une antenne médicale et des locaux pour le personnel ; un puits de 110 mètres de hauteur permet au personnel d'accéder directement au chantier souterrain, ce qui évite toute interférence avec le transport des approvisionnements et des déblais sur la plate-forme de Shakespeare Cliff. Au centre, le tunnel routier de liaison entre les deux sites se voit à peine.

Du côté français, la plupart des travailleurs du tunnel est de la région Nord-Pas-de-Calais. En Angleterre, en revanche, ils ont été largement recrutés hors du Kent, jusqu'en Ecosse et en Irlande. Pour éviter que leur demande de logements ne perturbe le marché local, un lotissement a été construit pour accueillir plus de mille personnes. Equipé d'une boutique, d'une salle de sports et d'autres équipements de loisirs, Farthingloe Village est vu ici en octobre 1988, avant son ouverture au mois de janvier suivant.

Les supports des portiques sont installés dans une chambre de montage de tunnelier ferroviaire. Plus de 5.500 mètres cubes ont été excavés des deux cavernes où démarreront les forages sous mer ; les visiteurs les comparent volontiers à des cathédrales.

Un composant de tunnelier ferroviaire sous terre passe à travers le complexe de Shakespeare Cliff. En fait, en l'absence d'un puits de grand diamètre qui donne accès au chantier souterrain, les six tunneliers britanniques sont transportés en pièces détachées à leur chambre de montage.

Le tunnelier britannique de service sous terre est en cours d'assemblage dans sa chambre de montage ; il démarrera le 27 novembre.

Au 1er décembre 1988, la tête de coupe du tunnelier ferroviaire nord sous mer côté britannique est en fin d'installation. L'achèvement de l'installation et les essais de l'engin prendront encore plusieurs semaines ; il démarrera à la fin de février 1989.

Le tunnel foré il y a un siècle par la perforatrice Beaumont-English coupe la route des trois tunnels ! Son revêtement métallique a été retiré avant que les tunneliers de TML ne passent à travers. Cette section du tunnel Beaumont sera bouchée par mesure de sécurité.

A la fin de 1988, trois forages commencent à monter en cadence.

La vis d'extraction des déblais ressort de l'arrière d'une tête de forage : T5, le tunnelier ferroviaire sous terre, est en cours de montage en décembre 1988. Sa mise en service est accélérée pour libérer le plancher du puits de Sangatte : T3, le dernier tunnelier ferroviaire, arrive.

Après avoir été assemblé à Dunkerque, le tunnelier ferroviaire nord sous mer (T2) est descendu dans le puits de Sangatte, en trois parties. En effet, ses 1 250 tonnes dépassent de beaucoup la capacité des ponts roulants du puits.

Le 12 août, la tête de forage du T2 qui creusera le tunnel ferroviaire nord sous mer est arrivée en «gare» de montage à 28 mètres sous le niveau de la mer. Entre les branches de la tête de forage, on voit bien les «volets» qui freineront l'arrivée d'eau en terrain humide. Le forage démarrera le 1er décembre.

A la même date, le train technique du premier tunnelier sous mer sort enfin du puits de Sangatte. Les premiers mois du T1 ont été émaillés d'incidents techniques, mais les performances s'améliorent à partir de l'automne ; le rythme de 60 à 70 mètres forés par semaine est atteint en fin d'année ; le tunnelier de service sous terre T4, lancé en second, avance alors déjà de 80 à 120 mètres par semaine.

Les fronts de taille engloutissent chaque jour des milliers de tonnes d'approvisionnements provenant de Sangatte et de Shakespeare Cliff.

Chaque train d'approvisionnement d'un tunnelier transporte non seulement des voussoirs regroupés par anneau, mais également du mortier de bourrage, des rails, des tuyauteries et des câbles, etc. Au retour du front de taille, ces trains évacuent les déblais du forage dans des wagons spécialement conçus à cet effet.

Des mortiers et des ciments sont malaxés en «wagons-toupies» tout au long de leur trajet en direction du front de taille. Les mélanges nécessaires sont effectués à l'arrière du train technique où tout un système de pompes et de tuyauteries assure l'approvisionnement des différentes équipes.

La ventilation et le dispositif de pompage sont vitaux pour la sécurité des équipes de forage.

Pendant les forages, les tunnels sont ventilés principalement à partir de Sangatte et de Shakespeare Cliff ; un système de sas règle la circulation d'air. Chaque tunnelier dispose en outre d'une ventilation complémentaire : de gros conduits alimentent le front de taille en air frais pulsé par des ventilateurs installés à petite distance du train technique.

Au cours des forages, une voie d'eau accidentelle n'était pas exclue. En plus du pompage répondant aux besoins courants, les tunnels furent donc équipés de puissantes pompes pour faire face à tout incident pendant les travaux. Un système de pompage définitif remplacera ces dispositifs de chantier en phase d'exploitation du Tunnel. En fait, le revêtement des tunnels est si étanche que les infiltrations d'eau dans les tunnels sont très inférieures à toutes les prévisions.

Au total, le chantier consomme plus d'électricité qu'une ville de 100 000 habitants.

De chaque côté de la Manche, le chantier consomme autant d'électricité qu'une ville de bonne taille. La pointe de consommation sera de 23 mégawatts côté britannique, de 36 côté français (en novembre 1990), y compris l'alimentation de l'usine de préfabrication des voussoirs sur le site de Sangatte. Au fur et à mesure que les tunneliers avancent, il faut allonger les lignes d'alimentation dans les tunnels : elles atteindront 300 kilomètres du côté anglais.

Une excavatrice se fait changer les dents dans un des ateliers de réparation du matériel roulant. Des deux côtés de la Manche, chaudronnerie, menuiserie, montage et démontage, entretien des matériels roulants du chantier occupent des centaines de personnes.

Un bulldozer est réparé sous terre. Les matériels sont mis à rude épreuve au cours des travaux, y compris par l'atmosphère chaude et saline des tunnels.

A l'automne 1988, on devine le portail des tunnels au fond de la tranchée de Beussingue. Deux ponts sont en construction : le plus proche supportera la future autoroute littorale ; le second rétablit l'axe Calais-Boulogne dès le mois de septembre. Les camions qui évacuent les déblais vers le terminal empruntent l'ample courbe d'une piste de contournement, en attendant de passer sous les ponts.

Un volume supérieur à la pyramide de Chéops a été retiré de la tranchée de Beussingue.

La tranchée de Beussingue est creusée par deux pelles mécaniques capables d'enlever 1000 mètres cubes à l'heure chacune. Elles retireront en tout 2 millions de mètres cubes de cette tranchée de 800 mètres de longueur et de trente mètres de profondeur au portail. Les déblais serviront à remblayer le site du terminal.

A la mi-décembre 1988, un bassin de drainage prend forme derrière les travaux du saut-de-mouton ferroviaire. Au loin, le site du terminal prend une allure bigarrée : des plaques de différentes couleurs signalent les dépôts de sables drainants, de remblais, les surcharges. Celles-ci ont été déposées sur une zone pour que la pression de leur poids accélère l'assèchement et la consolidation du sol, comme en comprimant une éponge.

A l'entrée du terminal, le saut-de-mouton se prépare : c'est un ouvrage de croisement ferroviaire tenant du pont et du tunnel ; grâce à lui, les navettes suivront un circuit en huit plutôt qu'en rond ; les deux boucles ferroviaires des terminaux ne tournent pas dans le même sens : l'effort du matériel roulant est équilibré entre les deux côtés.

C'est ici que sera construite la boucle ferroviaire où les navettes freineront avant d'arriver à quai sur le terminal France. Pour le moment, la courbe n'est dessinée que par la couche de sable déposée là pour remblayer et consolider le terrain.

Rassemblement général des matériels roulants du chantier du terminal France, dans la tranchée de Beussingue. On mesure ici l'ampleur du chantier - du même ordre que la réalisation d'un aéroport international.

Près d'une centaine d'espèces végétales ont été recensées sur les 5 hectares de Biggins Wood, reste de forêt au centre du terminal britannique. Avant que cette zone ne soit déblayée, des plants et des graines ont été recueillis pour être cultivés au Wye College d'Ashford. En septembre 1988, la couche superficielle du sol du bois est réimplantée sur un site choisi, à la limite nord du terminal.

Deux millions de mètres cubes de sable marin ont permis au terminal britannique de gagner six mètres en hauteur.

Le site du terminal britannique est en moyenne 6 mètres plus bas qu'il ne le faudrait. Pour éviter d'avoir à apporter des millions de tonnes de remblais par camions, TML choisit d'aller chercher les remblais... dans la mer : pompé du fond de la mer par un bateau puissant, un mélange de sable et d'eau salée est envoyé par canalisation vers le site du terminal. Ce procédé astucieux fournira plus de 2 millions de mètres cubes de sable de septembre 1988 à septembre 1989.

A 800 mètres au large de Sandgate -à ne pas confondre avec Sangatte- l'Aquarius tire de la mer un mélange sable-eau ; il le propulse à la vitesse de 4,5 mètres par seconde vers le site du terminal qui est à 65 mètres au-dessus du niveau de la mer et à 4,5 km à l'intérieur des terres.

Le «pipeline» verse sable et eau dans des lagons artificiels creusés sur le site du terminal. L'eau est recueillie et renvoyée dans la mer par une canalisation qui suit le même trajet en sens inverse.

Une fois que l'eau est éliminée, le sable est ramassé par des pelleteuses spéciales qui l'amènent à son lieu d'utilisation. Ce matériau de remblai original s'est révélé d'excellente qualité.

A l'image de son vis-à-vis français, le terminal britannique en octobre 1988 est couvert de plaques de différentes couleurs suivant le matériau utilisé pour le terrassement. Vu de l'ouest, on discerne clairement la boucle qu'emprunteront les navettes ferroviaires : elle passe tout près des villages de Newington et de Peene ; c'est pourquoi elle sera presque entièrement en tunnel. De plus, Eurotunnel s'est engagé à racheter jusqu'en 1987 à chaque propriétaire les maisons de ces villages aux prix qu'elles auraient atteints si le terminal britannique n'avait pas été construit là.

CHAPITRE 6

9 janvier :

Philippe Essig est nommé président à plein temps de TML.

16 janvier :

Les travaux du tunnel ferroviaire sud sous terre commencent du côté français. (T5).

27 février :

Les travaux du tunnel ferroviaire nord sous mer commencent du côté britannique.

26 mars :

Début du forage du tunnelier sud sous mer du côté français (T3).

27 avril :

Sortie du tunnelier de service sous terre du côté français (T4).

9 mai :

Jack Lemley est nommé directeur général de TML.

10 juin :

Le cinquante millième voussoir est produit à Sangatte.

12 juin :

Les travaux commencent dans le tunnel ferroviaire sud sous mer du côté britannique.

De janvier à juin 1989

Première sortie de tunnelier

Le 10 février 1989, l'étape des 5 kilomètres est franchie dans le tunnel de service sous mer du côté britannique. C'est une des dates de référence du contrat ; le moral des équipes s'améliore considérablement. La jonction avec le tunnel de service français commence a être envisagée raisonnablement avant la fin de 1990. En tout, 8 kilomètres sont creusés au premier trimestre 1989, contre 5 dans les six derniers mois de 1988. En juin 1989, TML est renforcé par une équipe de cadres expérimentés dirigés par Jack Lemley, spécialiste des grands projets.

Les premières percées, à Castle Hill et au portail français, sont aussi de bonnes nouvelles. Malgré des conditions géologiques défavorables, le tunnel de service français sous terre est terminé deux mois avant la date prévue. Dans les dernières semaines, le tunnelier a même été ralenti pour qu'il n'achève pas le forage avant la date fixée pour la cérémonie.

En fait, il n'y a pas que de bonnes nouvelles. Les offres présentées par les constructeurs pour fournir les wagons des navettes sont beaucoup plus chères que prévu. Or, aucune réduction de coût sur quelque autre budget du projet ne vient compenser ces surcoûts, bien au contraire.

Cependant, l'avance des tunneliers est endeuillée du côté britannique par un premier accident mortel en janvier et un deuxième en février.

Le rythme des forages augmente. Le tunnelier T4 établit un record mondial avant de déboucher sur le terminal français.

L'AVANCEMENT DES FORAGES à la fin de juin 1989.

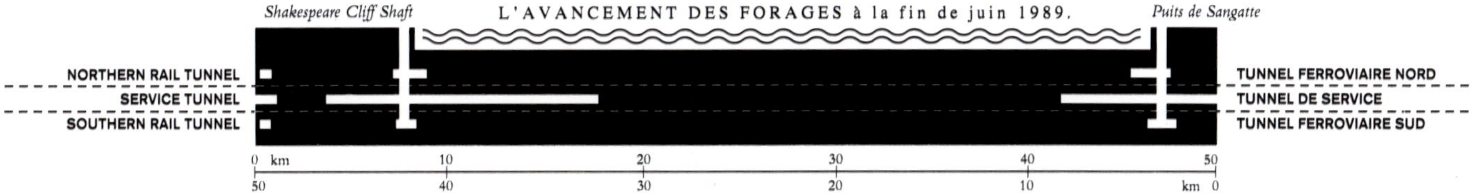

Une scène caractéristique au pied de Shakespeare Cliff : *au centre à droite*, des ponts roulants déchargent un train de voussoirs venant de l'île de Grain. Ils les déposent sur l'aire de stockage d'où d'autres voussoirs sont chargés dans des trains de chantier *(au centre à gauche)* qui vont descendre vers les tunnels.

Le tunnelier ferroviaire nord britannique est assemblé en janvier-février 1989 ; le forage démarre le 27 février et atteint en juin les 2,7 km de terrains fissurés et humides déjà franchis par le tunnelier de service. Comme les trois tunneliers britanniques sous mer sont conçus pour terrain sec, cette zone délicate leur fait prendre plusieurs semaines de retard. Entre autres modifications techniques, il faut ajouter un capot à l'arrière des tunneliers, afin de protéger la zone de pose des voussoirs des chutes de pierre.

Le 5 avril, la tête de forage du tunnelier nord sous terre est descendue dans le puits de ventilation de Shakespeare Cliff. Les plaques blanches juste derrière la «roue» ont été posées pour protéger l'ascenseur installé sur le côté du puits. A cette date, il ne manque plus qu'un seul tunnelier du côté britannique : celui qui creusera le tunnel ferroviaire sud sous terre. Il est encore au stade des essais en usine.

Les tunneliers ferroviaires ont tous été assemblés sous terre.

Un mois plus tard, ce même tunnelier ferroviaire a été déplacé vers une portion de tunnel creusée à l'avance, une «chambre de poussée». Ce déplacement a libéré la place dans la chambre principale, pour assembler le train technique du tunnelier. Le démarrage est prévu le 12 juin.

Le 27 février, le tunnelier ferroviaire sud vers la France en est à son vingtième jour de montage en chambre sous Shakespeare Cliff. Ses pièces détachées ont été descendues par le puits de ventilation. L'assemblage de la structure tubulaire de la section d'agrippage est commencé derrière la tête de forage.

Pour préserver le site d'Holywell, il sera traversé par des tranchées couvertes.

Holywell vu du ciel pendant les fouilles archéologiques d'octobre 1987. Du côté britannique, les tunnels pourraient déboucher ici, pour passer ensuite sous la colline de Castle Hill, en face, et rejoindre le site du terminal. Pour préserver le site, les tunnels seront finalement recouverts.

En juin 1989, vues de l'ouest, les parois des tunnels ferroviaires sont en grande partie construites, tandis que le tunnel de service est recouvert. Une liaison servant de «demi-jonction» entre les tunnels ferroviaires se dessine. La demi-jonction symétrique est construite sous Castle Hill.

Ci-dessus : Les tunneliers ne sont pas adaptés aux forages près du sol. Les tunneliers britanniques partis de Shakespeare Cliff ont donc été stoppés sur le bord est de Holywell. Pour faire traverser la vallée par les tunnels, ceux-ci ont été creusés en «tranchée couverte». Première étape : creuser une tranchée de grande taille, comme nous le voyons ici en octobre 1988.
Au fond, les tunnels s'enfoncent sous Castle Hill en direction du portail britannique. Comme on le voit ici, le tunnel de service plonge pour passer sous le tunnel ferroviaire sud ; il peut déboucher à côté des tunnels ferroviaires au portail britannique. Il en sera de même pour le portail français.

Le 17 avril 1989, les 600 mètres de tunnel de service sous Castle Hill sont creusés : c'est le premier percement achevé sur le chantier du Tunnel sous la Manche. Le portail à l'est du terminal britannique est atteint. Il arbore fièrement un panneau kilométrique : «Paris, 325 kilomètres ; prochain arrêt, 65 kilomètres».

Sous Castle Hill, les trois tunnels sont creusés sans tunneliers.

Le portail est construit «de bas en haut». Tout d'abord, des poteaux en béton armé sont coulés dans le sol, les uns collés aux autres, formant ainsi les murs du tunnel. Puis on coule la dalle du toit. Il ne reste plus ensuite qu'à retirer la terre au-dessous du toit. La traversée-jonction sous mer côté français sera construite suivant une technique bien plus complexe, mais similaire..

Les tunnels sous Castle Hill n'ont pas été forés par un tunnelier, mais à l'aide d'excavatrices sur chenilles. Le premier revêtement a été posé selon la nouvelle méthode autrichienne.

En décembre 1988, le tunnel de service sous Castle Hill attend de recevoir son revêtement final.

Le 27 avril 1989, le tunnelier T4 achève le premier son forage sous terre, devant un nombreux public.

Le 27 avril, première sortie de tunnelier dans la galerie de service : le T4 débouche dans la tranchée de Beussingue, devant personnalités, journalistes, photographes, caméras de télévision ... et deux portraits en pied géants de François 1er et Henri VIII, pour rappeler la rencontre du camp du Drap d'or en 1520, à quelques kilomètres de là.

L'équipage sort par la tête de forage pour fêter son succès. Ce tunnelier Marubeni-Mitsubishi a foré en neuf mois les 3,2 km du tunnel de service entre Sangatte et le terminal. En mars, il établit un record du monde de vitesse en tunnelier fermé : 886 mètres en un mois.

Sa mission accomplie, le tunnelier est évacué vers Sangatte par la route et mis... en vente.

Des centaines de mètres de tapis roulants remontent les déblais de dessous de Shakespeare Cliff.

L'été 1989, sous Shakespeare Cliff, un wagon de déblais déverse son chargement de craie. En pivotant, les caisses des wagons se libèrent de leur contenu dans des convoyeurs placés sous les rails.

En juin 1988, le convoyeur principal était en cours d'installation dans la descenderie A2. Cet équipement classique de mine sera alimenté par les convoyeurs sous rail de chaque tunnel.

A leur arrivée à l'air libre, les déblais passent sur d'autres tapis roulants et sont déversés sur une sorte de terril. De là, des camions transportent la craie vers un des lagons aménagés autour de la plate-forme au pied de Shakespeare Cliff.

Un train de déblais passe dans un des trois culbuteurs du puits de Sangatte. La puissante machine rotative retourne les wagons pour que leur craie boueuse se déverse vers le fond du puits. Des attelages spéciaux permettent aux wagons de déblais d'être renversés sans être détachés des autres. Le culbuteur du tunnel de service traite trois wagons à la fois, ceux des tunnels ferroviaires, doubles, en traitent six.

Les déblais liquides se déversent dans des concasseurs qui broient les gros morceaux de craie afin de réduire les déblais en boue.

A 15 mètres au-dessous des culbuteurs, un technicien surveille le fonctionnement d'un des cinq délayeurs. Leurs bras rotatifs mélangent la craie à de l'eau pour obtenir un mélange de la consistance d'un yaourt. Cette boue homogène traverse des grilles latérales puis s'écoule au fond du puits.

Un véritable centre de contrôle spécialisé suit la chaîne de traitement des déblais, délicate à gérer son efficacité influe directement sur le temps de déversement des déblais à l'intérieur du puits, sur la cadence d'approvisionnement du front de taille et donc sur la vitesse de forage.

La salle de pompage est tout au fond du puits de Sangatte, à 48 mètres sous le niveau de la mer. Huit puissantes pompes propulsent la boue liquide dans des conduites qui les acheminent au dépôt de Fond Pignon.
L'eau du mélange provient des pompages en tunnel, stockée dans un réservoir situé dans le flanc du puits. Les surplus éventuels sont traités en surface. Les quatre pompes du dispositif ont la capacité d'évacuer 1 400 litres d'eau par seconde.

Plusieurs lignes de canalisation franchissent entre 1,5 et 1,8 km pour apporter les déblais liquides 130 mètres plus haut que le fond du puits, dont on voit au loin le toit en croix.

Les déblais boueux se déversent au-dessus de la surface de la retenue, afin de favoriser la consolidation du fond. La montée du niveau finira par faire disparaître les blockhaus qui dominent ce «lac» crayeux.

A la fin de juin 1989, des préparatifs sont en cours pour rehausser la digue de Fond Pignon. Elle va atteindre 990 mètres de long et 30 mètres de haut. Résultat : une capacité plus que doublée, à 3,3 millions de mètres cubes.

Au début de mai 1989, le portail français des tunnels se dessine clairement sur 180 mètres de large. Comme en Angleterre, le tunnel de service a été dévié pour déboucher à côté des tunnels ferroviaires. La tranchée de Beussingue et, tout à gauche, l'emplacement de la sous-station électrique sont entièrement déblayés. Le tunnelier T4 est sorti. Juste au-dessous de lui, les travaux d'une station de pompage qui évacuera de la tranchée les eaux recueillies par drainage.

A la mi-1989, l'échangeur routier de Fort Nieulay s'esquisse déjà sur le terminal français.

Vus du ciel, les travaux de terrassement du terminal France s'étendent de la tranchée de Beussingue au premier plan à la boucle ferroviaire au loin. Le chantier de l'autoroute littorale trace la courbe de la limite ouest du terminal.

Quand le Tunnel sera ouvert, la plupart des voyageurs en navette entreront sur le terminal par l'échangeur circulaire dit de Fort Nieulay, du nom d'un ouvrage voisin construit par Vauban. Les travaux de terrassement le dessinent déjà, bien qu'une piste de chantier le traverse.

Au printemps de 1989, l'approvisionnement du terminal britannique en sable marin se révèle un succès. Il économisera en tout environ cinq cent mille mouvements de camions.

Au départ, le terminal devait être drainé en direction de l'ouest, vers un ruisseau qui se jette dans la mer. Des préoccupations écologiques ont fait abandonner ce schéma pour un autre ; finalement, les eaux couleront vers l'est pour emprunter un égout de 1,80 m de diamètre creusé jusqu'à la mer.

A l'ouest du terminal, une tranchée couverte est construite pour accueillir la boucle ferroviaire où passeront les navettes. Les parois de ce tunnel seront légèrement inclinées et de courbure variable. Malgré ces particularités techniques, l'ouvrage a été construit en moins d'un an.

Ci-dessus : Les terminaux relient le Tunnel sous la Manche et les réseaux ferroviaires nationaux. Ainsi, côté britannique, une ligne traverse le terminal dans le sens est-ouest pour relier le portail au réseau ferré britannique. Au croisement avec deux axes routiers majeurs, un pont de 175 mètres de long à cinq travées est construit pour soutenir la voie ferrée. Pendant l'exploitation du Tunnel, il supportera le plus lourd tonnage de trafic de tous les ponts britanniques.

CHAPITRE 7

26 juillet :

Eurotunnel annonce les commandes des matériels roulants de ses navettes.

1er août

Le tunnel de service sous mer atteint 10 kilomètres du côté anglais.

2 août

Le forage du tunnel ferroviaire nord sous terre côté anglais commence.

Août

Peter Allwood est nommé directeur de la construction de TML en Grande-Bretagne.

3 octobre :

Le tunnel de service sous mer atteint 5 kilomètres du côté français.

9 novembre :

Achèvement du tunnel de service sous terre du côté anglais.

27 novembre :

Le creusement du tunnel ferroviaire sud sous terre commence du côté anglais.

18 décembre :

Achèvement du tunnel ferroviaire sud sous terre du côté français (T5).

19 décembre :

British Rail et la SNCF commandent trente rames TGV à un consortium mené par GEC Alsthom.

De juillet à décembre 1989

Le cinquantième kilomètre en vue

Le 21 juillet 1989, Eurotunnel annonce que les hausses de coûts l'obligent à réunir un financement complémentaire. Quelques jours plus tard, les commandes de matériel roulant sont annoncées. Le coût des 40 locomotives électriques, des 252 wagons pour camions, et des 252 wagons pour voitures, autocars et motocyclettes s'élève à 6 milliards de francs, contre une estimation initiale de 2,3 milliards. De longues négociations s'engagent entre Eurotunnel, TML et le syndicat bancaire sur les coûts et sur le financement.

Dans une période d'incertitude financière, l'accélération des forages se poursuit. Les trois tunneliers français sous mer prennent rapidement de l'avance.

En même temps, les travaux enregistrent des progrès encourageants. A vrai dire, seuls les tunnels ferroviaires sous mer, du côté anglais, sont un peu problématiques : les tunneliers sont ralentis par un terrain humide dont l'étendue est heureusement limitée. Du côté français, les travaux dans les trois tunnels sous mer prennent continuellement de l'avance sur les prévisions. A la fin de l'année, les "taupes" du tunnel de service se rapprochent l'une de l'autre au rythme de 380 mètres par semaine.

En novembre, British Rail annonce la construction d'une voie ferroviaire à grande vitesse, en partenariat avec un consortium privé, Eurorail. Une étape décisive semble ainsi franchie du côté anglais.

L'AVANCEMENT DES FORAGES à la fin de décembre 1989.

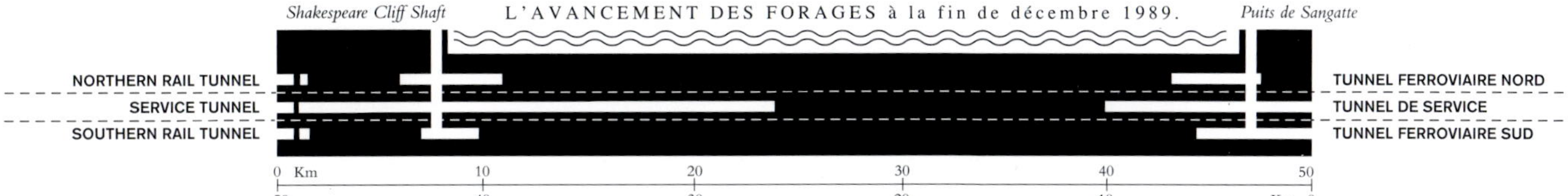

A la mi-octobre 1989, les deux murs bâtis dans la mer sont près de se rejoindre : ils délimiteront un vaste lagon, à l'ouest de Shakespeare Cliff. Au fur et à mesure que du terrain est gagné sur la mer, de nouvelles installations de chantier sont établies, comme l'atelier de réparation ferroviaire. Pendant l'été de 1989, une usine de dessalement de l'eau de mer a même été installée, afin de ne pas puiser dans les ressources locales en eau une année de grande sécheresse.

A l'automne de 1989, des terrains humides et fissurés gênent considérablement les tunneliers ferroviaires britanniques.

Vers le milieu de l'année 1989, le dernier tunnelier côté britannique teste en usine la pose des voussoirs : l'anneau rouge simule la paroi du tunnel. Il est bientôt expédié vers Shakespeare Cliff. Le 8 août, moins de deux mois après, son montage commence. L'engin démarrera le 27 novembre le forage du tunnel ferroviaire sud en direction du terminal anglais.

A l'automne de 1989, les tunneliers ferroviaires sous mer sont considérablement gênés par le terrain humide et fissuré. Les deux machines sont arrêtées pour être modifiées. Par exemple, les tapis roulants qui apportaient les voussoirs sur le «toit» du train technique sont retirés, afin de laisser plus de place aux équipes qui injectent le mortier derrière les voussoirs. Ces changements ont entraîné une amélioration des résultats mais les difficultés ne prendront fin qu'au retour en terrain sec.

Les tunnels ferroviaires sous terre approchent de Holywell.

Cette vue aérienne prise en août 1989 montre bien comment Castle Hill sépare les tunnels de Holywell du site du terminal. A la fin de l'année, ces tunnels seront pratiquement terminés, ce qui permettra de confier le site à un autre chantier : le prolongement de la route à quatre voies M20-A20 ; elle longera la base de Castle Hill, traversera Holywell au-dessus des tunnels, à découvert, avant de s'enfoncer dans un double tunnel au flanc de la colline de droite.

Avec leur premier revêtement en béton armé projeté, les tunnels ferroviaires sous Castle Hill ont un air de caverne romantique, qu'ils garderont jusqu'à l'achèvement de ces tunnels, après quoi un second revêtement sera posé.

Ci-dessus : Le 14 septembre 1989, l'on assiste à une curieuse scène finale de percement : juché sur la «tête d'attaque» qui vient d'ouvrir un passage, son conducteur rencontre l'équipe du portail. Les trois tunnels à travers Castle Hill sont maintenant creusés.

Ci-dessus : Le tunnel ferroviaire sud à travers Castle Hill est percé dès le 9 août. Du portail britannique, on voit l'excavatrice abattre le dernier pan de roche.

Le 9 novembre, un premier tunnelier britannique émerge dans une «chambre» spécialement aménagée sur la bordure est de Holywell : le forage sous terre du tunnel de service s'achève avec quinze jours d'avance. Comme la sortie du T4 à Sangatte en avril, l'événement a un retentissement considérable. Les 8 kilomètres de Shakespeare à Holywell ont été forés à une moyenne de 175 mètres par semaine. A son arrivée, le tunnelier ne s'écarte que de 4 millimètres du tracé prévu ! Un succès de bon augure pour les futures jonctions sous mer.

Equipé de son revêtement définitif, le tunnel de service a perdu son air mystérieux. Sous Castle Hill, la plus grande partie du revêtement définitif est posée dès la fin de 1989, après application d'une membrane étanche sur le premier revêtement.

En novembre 1989, l'ouvrage du portail des tunnels côté britannique est creusé et le plancher est bétonné. Faute d'un espace suffisant entre le débouché des tunnels et la zone des quais, il faut construire une demie traversée-jonction sous Castle Hill pour compléter celle d'Holywell. Leur équivalent côté français sera construit à l'air libre, dans la tranchée de Beussingue.

Au-dessus de l'ascenseur du puits de Sangatte, un tableau affiche au jour le jour l'avancement des tunneliers, ce qui favorise l'émulation entre les équipes. A la date du 14 août 1988, la plupart des tunneliers dépassent les objectifs mais leurs progrès s'accentueront encore d'ici la fin de l'année.

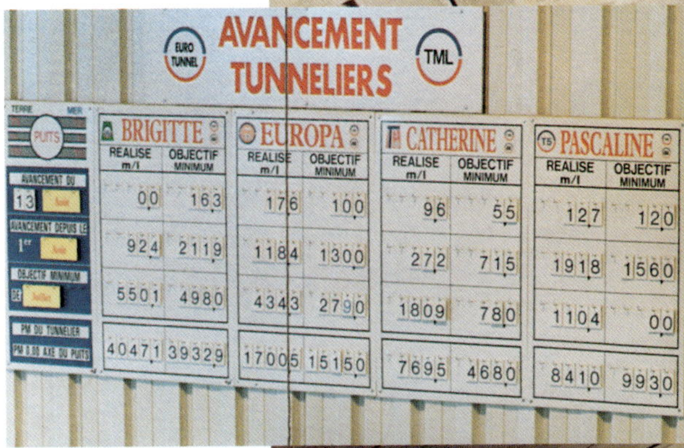

Pendant l'été de 1989, la tranchée de Beussingue est reliée au puits de Sangatte par une voie ferrée de chantier. Mais à partir d'octobre, les rails sont retirés pour poser le plancher de béton définitif.

La cabine de pilotage du tunnelier ferroviaire sous mer ; celui-ci parcourt 1 470 mètres les trois derniers mois de 1989 - il triple ainsi ses performances en six mois. Les tunneliers français sous mer, capables d'alterner mode fermé avec mode ouvert, sont quasiment des prototypes, contrairement aux tunneliers sous terre. Ils seront modifiés de nombreuses fois, en particulier leur tête de forage est renforcée pendant l'été de 1989.

Le génie civil du portail français des tunnels a été réalisé pendant l'automne 1989 à temps pour la sortie du tunnelier ferroviaire sud T5 à la mi-décembre.

Le 18 décembre 1989, le tunnelier ferroviaire nord débouche dans la tranchée de Beussingue, huit mois après la sortie de son «petit frère» du tunnel de service. Malgré cinq semaines d'arrêt pendant l'été, il a deux semaines d'avance : 3,2 km ont été forés en moins de dix mois. Les équipages fêtent l'arrivée, en compagnie de Pierre Matheron *(en noir au centre)* et de Jacques Fermin *(tout à gauche)* qui dirigent les travaux côté français pour TML.

Pendant l'été de 1989, les terrassements continuent à donner une allure bigarrée au terminal français. Laissées près de six mois sur une hauteur de 3 à 6 mètres, les surcharges entraînent jusqu'à 1,20 m de tassement de terrain, mais la vitesse de consolidation des terrains varie selon les zones. Les quelque 11 millions de mètres cubes de terrassements seront cependant pratiquement achevés à la fin de l'année. A gauche de la piste de chantier, trois rampes incurvées attendent déjà de servir d'accès aux ponts de la zone des quais.

A l'automne de 1989, le terrassement de la boucle ferroviaire se poursuit. A côté d'elle, un des cinq bassins-réservoirs du réseau de drainage du terminal est en cours d'équipement ; comme les bassins sont construits au-dessus du niveau du sol, les eaux drainées par 10 kilomètres de canaux et de collecteurs doivent être «relevées» par pompage pour y accéder.

Trois ouvriers raccordent deux pièces de membrane synthétique étanche dans un bassin de drainage. Au total, les cinq bassins du terminal peuvent stocker 300 000 mètres cubes d'eau.

Dès l'automne de 1989, les premières piles de pont se dressent en un bel alignement sur la future zone des quais. Bâties sur des fondations profondes, elles porteront le tablier d'un des quatre ponts de la zone des quais. C'est ce pont de «déchargement avant» d'une vingtaine de mètres de large qu'emprunteront voitures, autocars et camions qui sortiront des navettes en provenance d'Angleterre.

A la mi-décembre, les poutres sont posées sur les piliers. La construction est en avance sur celle des autres ponts ; il fallut tenir compte de vitesses très différentes de consolidation des sols à quelques dizaines de mètres de distance.

Le 10 décembre, la dernière coulée de béton est effectuée sur la boucle en tunnel du terminal britannique. L'ouvrage va rapidement être enterré sous des aménagements paysagers qui joueront le rôle d'écran contre le bruit afin de protéger le voisinage.

A la fin de 1989, les ponts commencent à sortir du sol sur les deux terminaux.

En août 1989, le tracé des futures routes d'accès ouest du terminal est clairement visible. A droite, les ponts routiers assureront la connexion avec l'autoroute M20 qui dessert Londres. Les ponts les plus larges, à gauche, supporteront la ligne ferroviaire qui reliera le portail des tunnels au réseau anglais, qui sera rejoint à Dollands Moor : cette zone ferroviaire sera construite à gauche de l'autoroute *(à gauche)*. Il reste encore à faire traverser aux ponts la route A20 *(au premier plan)*.

A droite : à la mi-octobre 1989, la partie ouest du terminal est surtout marquée par le tracé de la boucle ferroviaire en tunnel, et par les terrassements de la ligne d'accès ferroviaire au terminal. Le chantier des ponts d'accès est visible en haut à gauche.

Sur le terminal britannique comme du côté français, le premier pont est en chantier dès l'automne sur la zone des quais. La législation britannique exige que les ponts ferroviaires soient extrêmement résistants ; cela a conduit à construire des ouvrages d'allure extrêmement différentes sur les terminaux français et anglais : dans le second cas, les structures lourdes que l'on voit ici en construction étaient nécessaires.

Les cinq voies de chantier à crémaillère installées dans la grande descenderie A2 assurent le passage des convois de travaux qui apportent directement les voussoirs et les autres approvisionnements du pied de Shakespeare Cliff aux tunneliers.
A Sangatte, les monte-charge peuvent transporter des véhicules sur rail - possibilité exploitée principalement en cas d'urgence ou pour amener des matériels roulants en atelier de réparation.
Le puits de Sangatte restera longtemps le coeur logistique des chantiers souterrains, même après l'achèvement des tunnels le reliant au terminal.

Les locomotives électriques ne peuvent pas être alimentées uniquement par les caténaires provisoires, car les tunnels n'en sont pas entièrement équipés. Les locomotives fonctionnent donc également sur batteries, qui doivent être rechargées, comme ici sous Shakespeare Cliff

Les sites souterrains de Sangatte et Shakespeare Cliff sont les nœuds ferroviaires du chantier de forage.

Chaque entrée de tunnel en partant du puits de Sangatte est une gare de triage souterraine qui commande l'accès au tunnel concerné. Des jonctions ferroviaires ont été construites entre ces gares, ce qui facilite la régulation du trafic.

Dans les tunnels français, les éclabous sures de déblais pâteux sur les trains e les voies ne sont pas sans risque. Ici, dans le tunnel ferroviaire nord, un train de déblais est arrosé à son passage dans un sas voisin du puits de Sangatte.

Dans les tunnels, une voie de chantier sur deux est régulièrement neutralisée par des équipements ou des chantiers divers. Ceci implique de gérer une circulation à sens unique en de nombreux points des tunnels.

Les centres de contrôle ferroviaire gèrent 24 heures sur 24 le trafic souterrain du chantier.

Le centre de contrôle principal de Shakespeare Cliff règle nuit et jour les circulations ferroviaires entre la plate-forme et l'accès aux tunnels. S'y ajoute un poste de commande souterrain par tunnel.

Une locomotive emprunte la descenderie A1. Le conducteur et le centre de contrôle communiquent par liaison radio.

L'ensemble du réseau français de construction est représenté sur un tableau synoptique dans le centre de contrôle au-dessus du puits de Sangatte. Il supervise également tous les systèmes et équipements côté français.

A gauche : La salle de contrôle du trafic sous la descenderie A2.

Le réseau ferré du chantier britannique est le troisième de Grande-Bretagne, derrière British Rail et le métro de Londres. Les ateliers de la plate-forme de Shakespeare Cliff entretiennent cent trente-cinq locomotives et neuf cents wagons spéciaux.

Côté français, le réseau est presque aussi étendu. En mai 1991, le parc roulant totalise sept cents unités. Des deux côtés de la Manche, les ateliers de TML adaptent le matériel roulant aux besoins variables du

CHAPITRE 8

De janvier à juin 1990

Tunneliers à plein régime

Le 7 janvier 1990, 50 kilomètres ont été creusés, soit un tiers des tunnels en deux ans. Deux jours plus tard, Eurotunnel et TML concluent un accord sur les coûts de la construction des tunnels : un avenant au contrat de construction est signé le 10 février. A la fin de janvier, André Bénard a été nommé seul président du Conseil commun d'Eurotunnel de la traversée-jonction côté britannique avance très rapidement. Cependant, le chantier est à nouveau endeuillé par des accidents mortels du côté anglais et un du côté français ; une véritable croisade pour la sécurité est lancée - elle portera ses fruits. Sur les terminaux, les premiers ponts de la zone des quais sortent de terre.

Les tunneliers ont atteint leur rythme de croisière tandis que les premiers ponts sortent de terre sur les terminaux.

qui dirige le Groupe. Alastair Morton est devenu vice-président directeur général.

Neuf, puis dix tunneliers sont en service. Après être restée longtemps un sujet de préoccupation, la progression des forages est maintenant tout à fait satisfaisante, même dans les tunnels ferroviaires sous mer du côté anglais, pour lesquels toute inquiétude disparaît au milieu de l'année. De plus, le creusement

Au début du mois de juin, le gouvernement britannique confirme ne pas vouloir accorder de fonds publics à une voie ferroviaire à grande vitesse. Cette décision provoque l'arrêt du projet Eurorail et enlève tout espoir de construction rapide d'une ligne nouvelle entre Londres et le Tunnel. De l'autre côté de la Manche, les terrassements de la ligne du TGV Nord sont engagés.

17 janvier :

Deux cent cinquante millième voussoir produit à l'île de Grain.

15 février :

Début de la pose des équipements électromécaniques dans le tunnel de service sous terre du côté français.

21 février :

L'Américain John Neerhout, vice-président de Bechtel, est nommé Directeur général projet d'Eurotunnel.

23 février :

Début de forage du tunnelier nord sous terre du côté français.

21 avril :

75,7 km de tunnels sont creusés.

28 mai :

La Banque européenne d'investissement accorde un prêt complémentaire de 3 milliards de francs.

20 juin :

Le tunnelier de service britannique passe la frontière internationale au milieu de la Manche.

23 juin :

Cent millième voussoir produit à Sangatte.

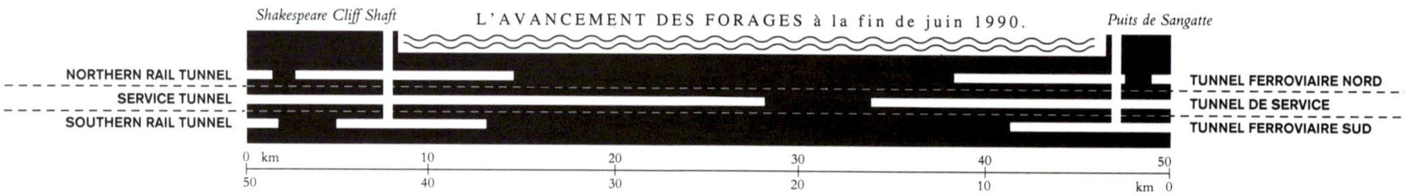

Les vêtements de service des travailleurs en tunnel sont accrochés au plafond d'un véritable vestaire-hangar ; ils sont séchés par un courant d'air chaud. Cette «salle des pendus» a été aménagée au sommet de Shakespeare Cliff après l'adoption à Sangatte de ce vestaire typique des mines.

Les déblais des forages ont multiplié plus de cinq fois l'étendue de la plate-forme de Shakespeare Cliff.

L'extension de la plate-forme de Shakespeare Cliff impose de rallonger le grand tapis roulant qui sert au transfert des déblais en surface. Une autre partie de la place gagnée sert à élargir la zone de stockage des voussoirs et à préparer dès maintenant l'installation des équipements dans les tunnels.

A la mi-mars 1990, les deux parties du mur-digue de 1 400 mètres de long se rejoignent en mer au pied de Shakespeare Cliff ; le lagon ouest sera prêt dans moins d'un mois. A l'origine, ce devait être le dernier, mais finalement la construction d'un nouveau lagon s'engage dès le mois de juin à l'est de la plate-forme. En effet, comme à Sangatte, les capacités prévues au départ ne suffisent pas : les déblais des forages n'ont finalement pas servi à remblayer le site du terminal, puisque le sable «marin» a été préféré. La construction des lagons représente un des plus grands chantiers du genre au monde. A elle seule, la construction du mur du lagon ouest a utilisé 134 000 mètres cubes de béton.

Pour faciliter le forage et le revêtement des tunnels ferroviaires britanniques sous mer, les zones humides ont été traitées par injections à partir du tunnel de service, ce qui permet de limiter les venues d'eau en bouchant les fissures du terrain. La même technique a été employée côté français pour traiter les zones très fissurées traversées au début des forages sous mer.

Au début de 1990, les diverses mesures adoptées portent leurs fruits : les tunneliers ferroviaires sous mer augmentent leur cadence, alors qu'ils se trouvent encore en zone humide. Ensuite, le retour en terrain sec permet au tunnelier nord de forer 329 mètres pendant une semaine de juin, nouveau record mondial atteint par ce type de machine.

Pour que les trains puissent changer de tunnel en cas de besoin, deux galeries monumentales relient les tunnels ferroviaires ont été prévues sous la Manche : les «traversées-jonctions». En temps normal, le passage est fermé par une énorme porte coulissante à deux battants. Celle-ci s'ouvre pendant les périodes de maintenance de nuit pour permettre de détourner le trafic d'un des trois tiers de la longueur des tunnels.
La traversée-jonction côté britannique sera construite avant que les tunneliers ferroviaires ne passent à son emplacement. La construction part donc du tunnel de service qui a été dévié pour passer plus bas et au nord de l'ouvrage. Dès le mois d'août 1989, une excavatrice s'attaque au forage des galeries d'accès au site. Deux cavités tubulaires sont creusées comme deux «yeux» en bas et tout le long de la future galerie. En mars 1990, le forage du haut de la voûte s'engage. A la mi-1990, il ne reste plus qu'à dégager les «coques» des yeux et la roche coincée entre elles pour finir de dégager l'excavation monumentale.

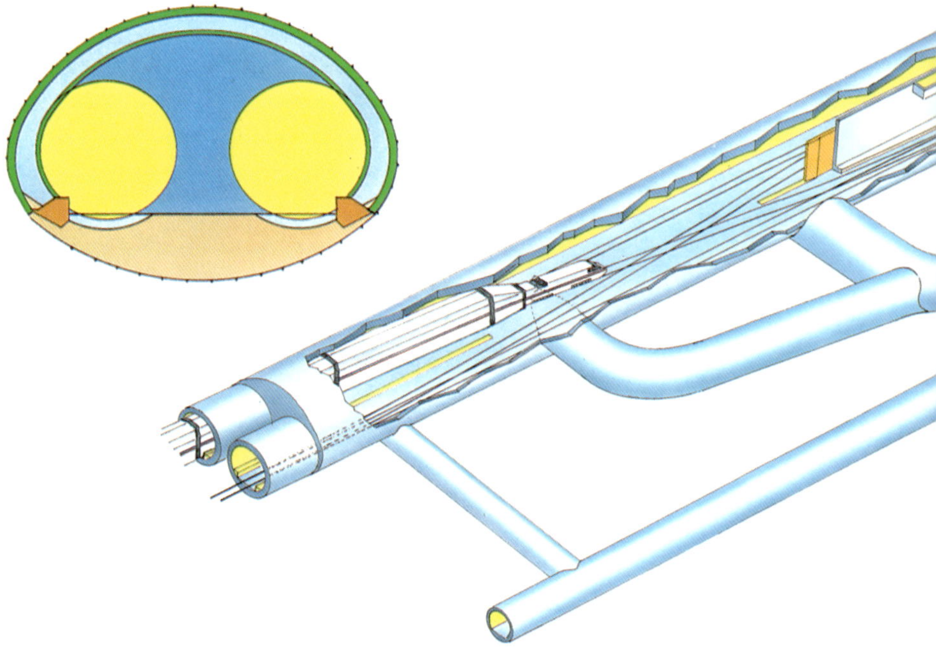

En juillet 1989, on effectue les premiers préparatifs : les salles destinées à une station électrique temporaire et à une station de compression sont creusées au marteau-piqueur.

La traversée-jonction britannique est creusée en avant des tunneliers ferroviaires.

En novembre 1989, une grosse excavatrice attaque le forage d'une galerie partant du tunnel de service.

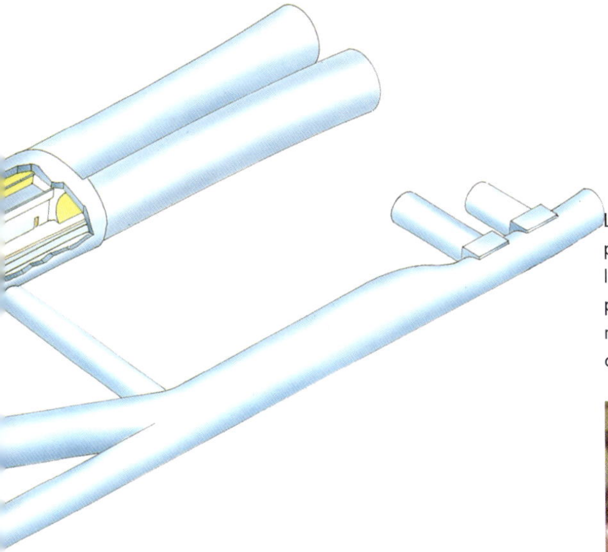

Le côté le plus vertical de chacune des premières excavations constituera la paroi latérale de la traversée-jonction. Le béton va être projeté sur un treillage particulièrement renforcé : mailles d'acier, boulons, tirants jusqu'à 8 mètres de long.

Le creusement de la traversée-jonction impose d'acheminer des quantités considérables d'approvisionnements et de déblais dans le tunnel de service, alors même que son forage continue : une contrainte logistique considérable. A droite, un conducteur dirige une grue à la jonction du tunnel de service et de la galerie principale d'accès au chantier de la traversée-jonction.

En mai 1990, le creusement du haut de la voûte de la traversée-jonction est déjà bien avancé.

Holywell et Castle Hill: la fin est en vue.

En février 1990, les tranchées des tunnels sont presque recouvertes à travers Holywell, vue ici en direction de Castle Hill. Les deux énormes trous au premier plan servent d'accès aux deux chambres qui serviront au démontage des deux tunneliers ferroviaires devant déboucher avant la fin de l'année en provenance de Shakespeare Cliff.

La membrane étanche est en place, le revêtement intérieur en béton peut être coulé : pendant le printemps de 1990, le revêtement définitif des tunnels ferroviaires se poursuit sous Castle Hill.

Le 8 janvier, le tunnelier ferroviaire nord sous terre T5 effectue un spectaculaire demi-tour devant le portail français des tunnels : il est retourné et transporté sur coussins d'air vers le portail du tunnel ferroviaire sud. C'est exceptionnel qu'un même tunnelier serve deux fois comme ici. Avant de repartir creuser en direction du puits de Sangatte, le tunnelier est révisé et rénové, son train technique est installé dans la tranchée de Beussingue. Le forage reprend à la fin de février.

Devant le portail français, le tunnelier T5 fait demi-tour sur coussins d'air pour repartir forer vers Sangatte.

Du côté français, les tunneliers sous la Manche prennent plus de douze semaines d'avance.

Au premier semestre de 1990, les tunneliers côté français passent à la vitesse supérieure, atteignant enfin des rendements de «formule 1» du forage. Les incidents sont mineurs et, même dans les terrains moins favorables, ils ne sont ralentis que modérément. La ronde incessante des trains d'approvisionnements et de déblais arrive à suivre le rythme, orchestrée par le centre de contrôle de Sangatte mis en service à l'automne de 1989. Des améliorations dans la chaîne de traitement des déblais à Sangatte y contribuent. Au deuxième trimestre, le tunnelier de service fore même plus de 1 200 mètres par mois ; à la fin de juin, les trois tunneliers sous mer sont très en avance sur leur dernier programme, de douze semaines dans le tunnel de service, de dix-sept et vingt-trois semaines dans les tunnels ferroviaires.

Le site de Sangatte au sommet de son activité. Au premier plan, la maquette d'un anneau de tunnel ferroviaire signale le centre d'information de Sangatte. Ouvert en 1987, il a immédiatement attiré plusieurs centaines de milliers de visiteurs par an.

Le tunnelier ferroviaire sud sous terre T5 devient T6 pour creuser le tunnel ferroviaire nord. Son lancement est fêté le 5 mars. Pierre Matheron, directeur de la Construction France, est décoré de la Légion d'honneur le même jour. On le voit ici *(à droite)* avec son petit-fils en conversation avec Philippe Essig, président de TML.

Comme le forage du T6 ne part pas du puits de Sangatte, mais de la tranchée de Beussingue, un bassin sur le terminal recueille les déblais des derniers forages avant de recevoir les derniers rebuts des chantiers souterains.

Depuis que le train technique du tunnelier T6 a quitté la tranchée de Beussingue, le portail français des tunnels a pris une allure imposante. Le conduit de ventilation qui alimente le tunnel nord trahit cependant l'inachèvement des forages sous terre.

Dans le puits de Sangatte, la gare ferroviaire d'accès au tunnel de service sous mer.

Au fur et à mesure que le front de taille s'éloigne des côtes, le personnel doit effectuer des trajets de plus en plus longs en draisine, comme ici dans un tunnel ferroviaire.

Des deux côtés de la Manche, des systèmes d'identification des personnels des chantiers souterrains sont prévus. Cette précaution utile pour la sécurité prendra une signification nouvelle après les jonctions sous la Manche : l'entrée du chantier devient alors une frontière internationale. Ce tourniquet mis en place par TML côté britannique est symptomatique de l'importance accordée à ces questions par les autorités britanniques.

L'accès aux chantiers souterrains est sérieusement contrôlé avant même les jonctions sous la Manche.

A Shakespeare Cliff comme à Sangatte, les personnels accèdent aux chantiers souterrains en ascenseur.

Un tunnelier compte de vingt à cinquante membres d'équipage par relève. Les chantiers souterrains totalisent cependant beaucoup d'autres postes. La progression des tunneliers conduit à assurer de véritables services passagers réguliers pour des trajets qui pourront finir par atteindre une heure et demie.

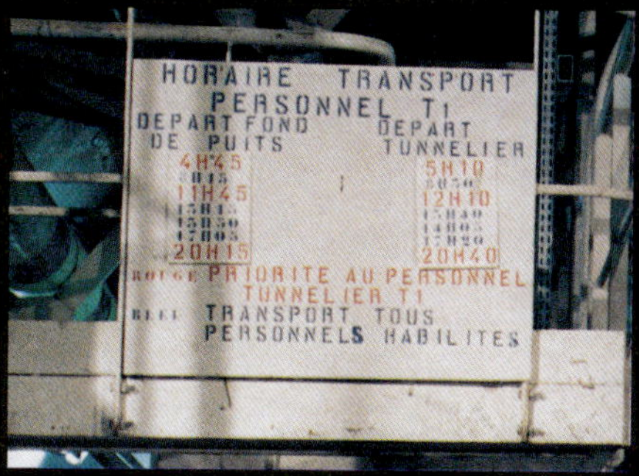

Sur le front de taille, la température est souvent tropicale et l'atmosphère bon enfant. On peut même prendre un thé dans un tunnelier. Il suffit de se contenter des moyens du bord.

A la fin de février 1990, la zone des quais prend forme : le pont de déchargement est flanqué des armatures des futures rampes d'accès aux quais. Les piles du pont de déchargement arrière sont posées et commencent à recevoir leurs grosses poutres transversales. De loin, les piliers du second pont font encore penser à des vestiges de monument romain. Les deux ponts d'embarquement en sont toujours aux fondations, mais ils sortiront de terre d'ici juin.

Les caprices du terrain commandent le début de la construction de chaque pont sur le terminal français.

La première étape de la construction des ponts est de creuser des trous jusqu'à la craie, à 15 ou 20 mètres de profondeur. Les pieux de fondation sont alors coulés sur place.

En avril 1990, une pelle mécanique déblaie des surcharges de sable qui viennent de consolider le terrain. Un peu plus loin, la construction d'un pont est déjà bien avancée : le chantier suit le rythme de consolidation des terrains, très variable selon les endroits.

Au premier plan, une épaisse «semelle» de béton est coulée dans une tranchée, juste au-dessus de trois pieux enterrés. Les piliers des ponts, de 1,80 m de diamètre, sont construits plus haut, coulés dans des coffrages métalliques.

Au printemps de 1990, un canal de drainage est en construction autour de la boucle ferroviaire du terminal France. Pour assurer la stabilité du sol, 180 kilomètres de canaux, caniveaux, fossés et canalisations ont été prévus pour maintenir la nappe phréatique à niveau fixe, à 2,20 m au-dessous des rails. Il aboutit aux cinq grands bassins qui débouchent eux-mêmes sur les canaux locaux traditionnels, appelés watergangs. A ce système de drainage perfectionné des eaux naturelles s'ajoute bien entendu un réseau d'assainissement classique indépendant.

A la fin février de 1990, des piliers en béton armé sont coulés pour le premier pont qui traverse la zone des quais.

Les ponts massifs de la zone de quais dominent immédiatement le terminal britannique.

A la fin d'avril 1990, les structures compactes des premiers ponts apparaisseut clairement.

Pendant le premier semestre de 1990, de multiples travaux se sont poursuivis sur le terminal, mais l'attention a été retenue par la construction de trois des quatre ponts de la zone des quais. Ces ouvrages massifs vont donner au site britannique son allure définitive.

En mai, la pose du tablier du premier pont commence. Au loin, on distingue le portail des tunnels.

CHAPITRE 9

De juillet à décembre 1990

Jonction sous la Manche

Le deuxième semestre 1990 restera un grand moment du projet Eurotunnel. Les tunneliers avancent à une vitesse record ; tous les forages sous terre sont terminés et la jonction historique sous mer a enfin lieu dans le tunnel de service. Avec la rapidité des forages et l'allongement des lignes d'approvisionnement, la logistique des forages doit faire des prouesses. Il faut transporter chaque jour des dizaines de milliers de tonnes de voussoirs et de déblais. Du côté anglais, le forage du tunnel de service a pris plus de 10 kilomètres d'avance sur le creusement des tunnels ferroviaires, ce qui pose de sérieux problèmes de ventilation et de sécurité. Les détecteurs deviennent capables de repérer instantanément une simple cigarette allumée.

Le premier décembre 1990, Philippe Cozette et Graham Fagg se serrent la main sous la Manche devant des millions de téléspectateurs : la première jonction est faite dans le tunnel de service ; le vieux rêve est devenu réalité pour quelques éclaireurs, avant de le devenir pour des millions de voyageurs. Hautement symbolique, l'événement a un impact psychologique considérable. Beaucoup se risquent à annoncer que l'Angleterre n'est plus une île... Rappelons tout de même qu'elle reste entourée d'eau.

C'est également à l'automne qu'Eurotunnel complète son financement auprès du syndicat bancaire et de centaines de milliers d'actionnaires, dans la conjoncture économique défavorable de la crise du Koweït. Le projet continue, mais la phase de forage est bientôt terminée. Eurotunnel a annoncé en août que son siège restera à Londres, tandis que le siège d'exploitation s'installerait sur le terminal français.

Le 1er décembre, les équipes française et britannique se rejoignent dans le tunnel de service. Un événement mondial.

13 août :

100 kilomètres de tunnels sont creusés.

11 septembre :

Achèvement du tunnel ferroviaire anglais nord sous terre.

25 octobre :

Le syndicat bancaire accorde 18 milliards de francs de crédits supplémentaires à Eurotunnel.

30 octobre :

Une sonde établit le premier contact entre les tunnels de service français et britannique.

31 octobre :

Fin du forage du tunnelier de service français (T1).

3 novembre :

Fin du forage du tunnelier de service britannique.

20 novembre :

Achèvement du tunnel ferroviaire sud sous mer du côté anglais.

29 novembre :

Fin du forage du tunnel ferroviaire nord sous terre du côté français (T6).

1er décembre :

Français et Britanniques font leur jonction dans le tunnel de service.

3 décembre :

Fin de l'augmentation de capital : Eurotunnel a recueilli 5,7 milliards de francs.

21 décembre :

Les lumières de Noël sur le terminal à la fin d'une année remarquable.

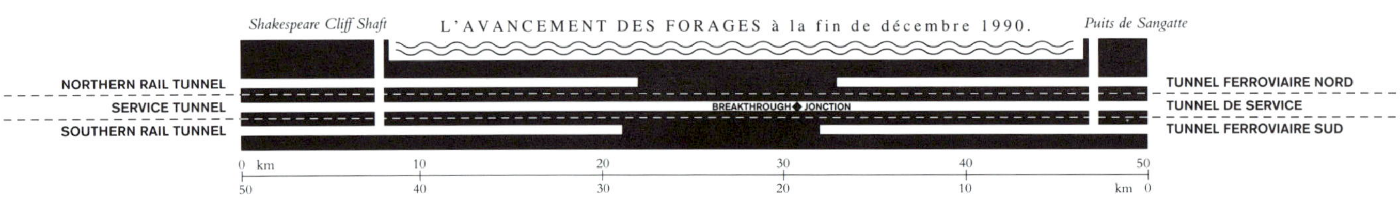

La plate-forme de Shakespeare Cliff, brillamment illuminée au début de décembre 1990. Ici comme dans les tunnels, l'activité ne s'arrête jamais. Le dernier lagon est presque achevé à son tour. Une seconde usine de dessalement de l'eau de mer a été installée pour pallier le manque de ressources en eau dans les environs.

Le 11 septembre 1990, le tunnelier ferroviaire nord sous terre côté britannique atteint sa chambre de réception à Holywell. Il a gagné 86 mètres d'altitude depuis son point de lancement sous Shakespeare Cliff. Les cinq équipes qui se sont relayées pour servir la machine représentent un total de cent quarante quatre personnes. Après avoir battu au début des records de vitesse, le forage a été beaucoup plus difficile sur plusieurs centaines de mètres de terrain humide et fissuré. Du tunnel de service, il a fallu traiter le terrain en avant du tunnelier, à des pressions montant jusqu'à 18 bars.

Le 8 novembre, le millième train de voussoirs arrive à Shakespeare Cliff en provenance de l'île de Grain. Quelque 400 000 voussoirs ont alors été produits, mais la production ralentit en fonction de l'achèvement des forages.

En novembre, le portail du tunnel britannique est pratiquement achevé.

A 17 kilomètres du terminal britannique, la traversée-jonction britannique est vraisemblablement la plus grande excavation réalisée sous le fond de la mer. Au début du mois d'août 1990, le tunnelier ferroviaire nord attend déjà de pouvoir traverser : pour laisser le passage au plus vite, il faut se hâter de démanteler les murs intérieurs et d'ôter la roche coincée entre les deux tunnels.

La galerie monumentale sous la Manche est creusée avant que les tunneliers ferroviaires ne passent.

Au bout de la traversée-jonction, des «lunettes» aménagées attendent d'être percées par les tunneliers ferroviaires.

Le 27 août, le tunnelier ferroviaire nord entre dans la traversée-jonction, avec en tout et pour tout 3,5 cm d'écart par rapport au tracé parfait.

Dans la traversée-jonction, une excavatrice *(au centre)* est longée par le tunnelier ferroviaire nord suivi de son train technique : un convoi de 265 mètres de long et de 1 350 tonnes. Au bout de la galerie monumentale, le forage reprend le 4 septembre.

Une vision insolite de la zone de pose des voussoirs dans le tunnelier ferroviaire nord.

Le tunnelier sud arrive à la traversée-jonction le 19 septembre et redémarre dès le 28 septembre. Après creusement, la cavité de la traversée-jonction mesure 164 mètres de long, 21 mètres de large et 15 mètres de haut. Un revêtement intérieur massif sera posé sitôt les tunneliers passés ; il réduira ces dimensions à 156 mètres de long, 18 mètres de large et 9,5 mètres de haut. Les deux câbles rouges au premier plan servent à alimenter le tunnelier nord en courant électrique à 11 500 volts.

Douze jours après son entrée dans la traversée-jonction, le tunnelier nord creuse à nouveau.

Le 20 novembre 1990, c'est au tour du tunnelier ferroviaire sud sous terre d'atteindre Holywell : maintenant, les trois tunnels sont complets entre Shakespeare Cliff et le terminal. Ce dernier tunnelier a battu au moins quatre records du monde dans sa catégorie. Au cours du seul mois de juin 1990, il a réussi à forer 1 222 mètres.

Neuf jours plus tard, le tunnelier ferroviaire nord sous terre T6 débouche dans le puits de Sangatte, tout près de son point de départ de janvier 1989 dans le tunnel sud. Descendre d'un tunnelier, est-ce facile ?

A la fin de 1990, tous les forages sous terre sont terminés des deux côtés de la Manche.

L'été de 1990, la digue de Fond Pignon est à nouveau presque pleine. C'est un peu la rançon du succès des tunneliers côté français : ils creuseront plus loin, donc ils produiront plus de déblais que prévu. De plus, pour améliorer le fonctionnement des pompes, le puits de Sangatte produit maintenant des déblais si fins qu'ils sont devenus très liquides : il n'est plus question qu'ils puissent se former en tas.

En trois mois et demi de travaux, plus de 250 000 tonnes de terre sont ajoutés à la digue pour faire passer sa capacité à près de 5,7 millions de mètres cubes sur 37,5 m de hauteur.

La traversée-jonction côté français est creusée en sol humide à 12,5 km du puits de Sangatte et à 46 mètres du fond de la mer. Elle est placée à environ un tiers de la distance entre les portails français et britannique. L'emplacement exact tient compte d'un autre impératif : la portion de voie à cet endroit doit être suffisamment plane pour que les trains et les navettes qui viendront de passer d'un tunnel à l'autre à 60 kilomètres à l'heure n'aient pas ensuite à accélérer en pleine côte.

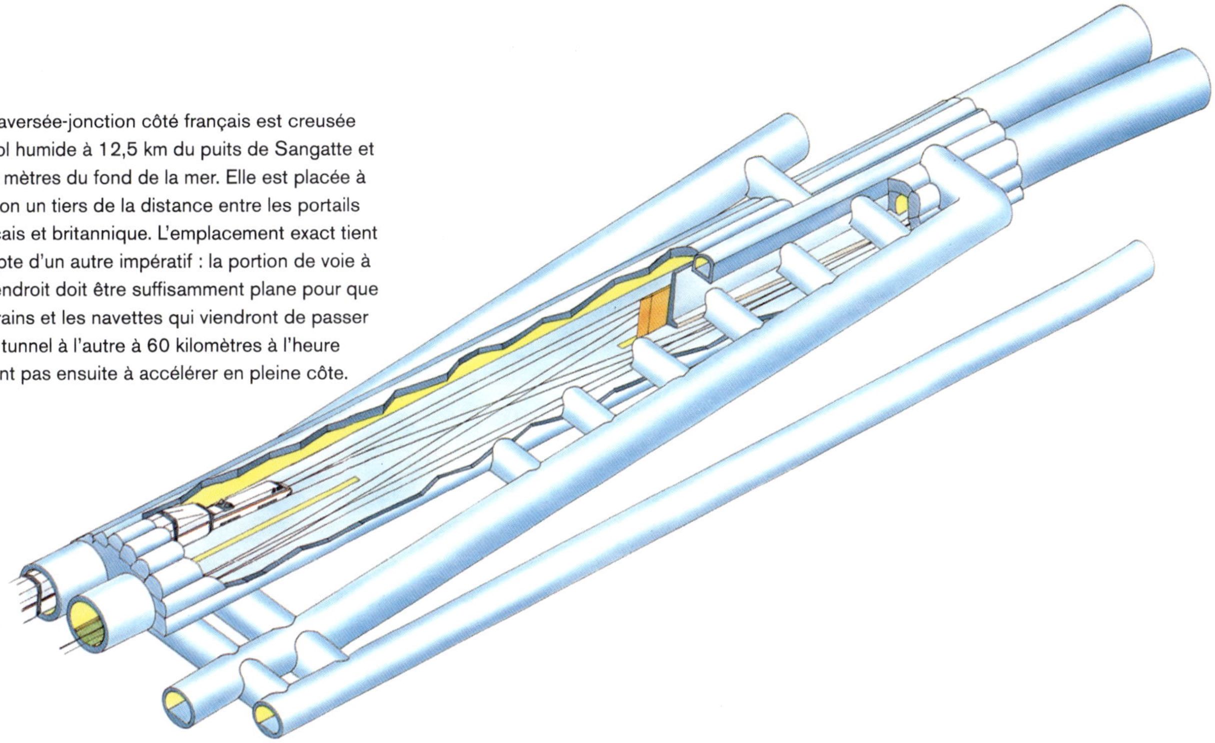

A l'automne 1990, les travaux de la traversée-jonction française s'engagent.

En novembre, une excavatrice poursuit le creusement d'une galerie préparatoire. Les deux traversées-jonctions sous mer ont été creusées avec des moyens classiques et peu encombrants : d'utilisation plus souple, ils sont également plus faciles à acheminer par le tunnel de service.

En octobre 1990, la première phase des travaux commence, au marteau piqueur : il faut creuser des galeries de travaux autour de l'ouvrage futur, à partir du tunnel de service.
Comme du côté britannique, ce dernier est dévié vers le bas 700 mètres avant la future galerie monumentale, pour passer au nord et en contrebas.

Un géologue examine le terrain sur un des chantiers de creusement. En août, des forages de reconnaissance ont décelé des zones humides en haut du site choisi. L'ensemble du site a donc été consolidé par injection avant les travaux, créant comme un immense «parapluie» pour abriter le chantier.

La plupart des ouvrages de liaison entre les tunnels sont creusés au marteau-piqueur.

La plus grande partie des ouvrages souterrains du Tunnel sous la Manche auront été creusés par tunnelier ou par excavatrice. Le creusement manuel a cependant joué un rôle important, en particulier pour tous les ouvrages de liaison entre les tunnels. Il faut se souvenir que tous les 375 mètres, une galerie de communication sert de liaison transversale entre les trois tunnels ; s'y ajoutent les salles techniques bâties sur le même modèle. Enfin, tous les 250 mètres, des «rameaux» de pistonnement relient les deux tunnels ferroviaires en passant au dessus du tunnel de service et permettent d'alléger la pression d'air qui freine les trains et les navettes en tunnel.

L'emploi de moyens lourds n'est pas adapté à la construction en tunnel de tels ouvrages de taille réduite ; du côté français, ces ouvrages sont creusés à partir des tunnels ferroviaires, une fois les trois tunneliers passés, ce qui permet d'injecter les terrains à l'avance et d'éviter des transports et des immobilisations de portions de voie dans un tunnel de service déjà bien encombré. Du côté britannique, en revanche, l'excavation des galeries de communications part du tunnel de service et s'arrête juste à côté de l'endroit où passera le tunnelier ferroviaire.

Dans un tunnel ferroviaire côté français, le percement d'une galerie de communication commence. Une série de trous est creusée pour permettre d'enlever le voussoir en plusieurs morceaux. Les contraintes d'étanchéité ont conduit à renoncer à poser des voussoirs en fonte. Du côté britannique, des voussoirs en fonte sont systématiquement posés aux emplacements qu'il faudra percer, pour faciliter la traversée du revêtement.

Une fois le voussoir enlevé par morceaux, le «deuxième revêtement» du tunnel apparaît : les différentes injections ont scellé le terrain derrière les voussoirs.

L'ouverture faite, des ouvriers entament le creusement de la galerie de communication au marteau piqueur. Un tapis roulant évacue les déblais dans un wagon de chantier.
Du côté britannique, les galeries de communication sont creusées 2 kilomètres en arrière du tunnelier de service : les excavations servent à loger différentes sous-stations électriques temporaires et les stations de pompage. Du côté français, les ouvrages de liaisons sous mer sont creusés jusqu'à 4,5 kilomètres derrière les tunneliers ferroviaires ; les ouvrages sont creusés en même temps, par chantiers décalés, en neutralisant jusqu'à 2 kilomètres de voies sur un côté de tunnel ferroviaire.

Les trois tunnels se voient en enfilade à travers une galerie de communication en construction, côté britannique : l'ouvrier de profil est dans le tunnel de service. On voit bien le revêtement en fonte de la galerie.

Deux ouvriers s'affairent au creusement d'un rameau de pistonnement en forte pente : un vrai travail de mineur ! Un tapis roulant souple sert à évacuer les déblais.

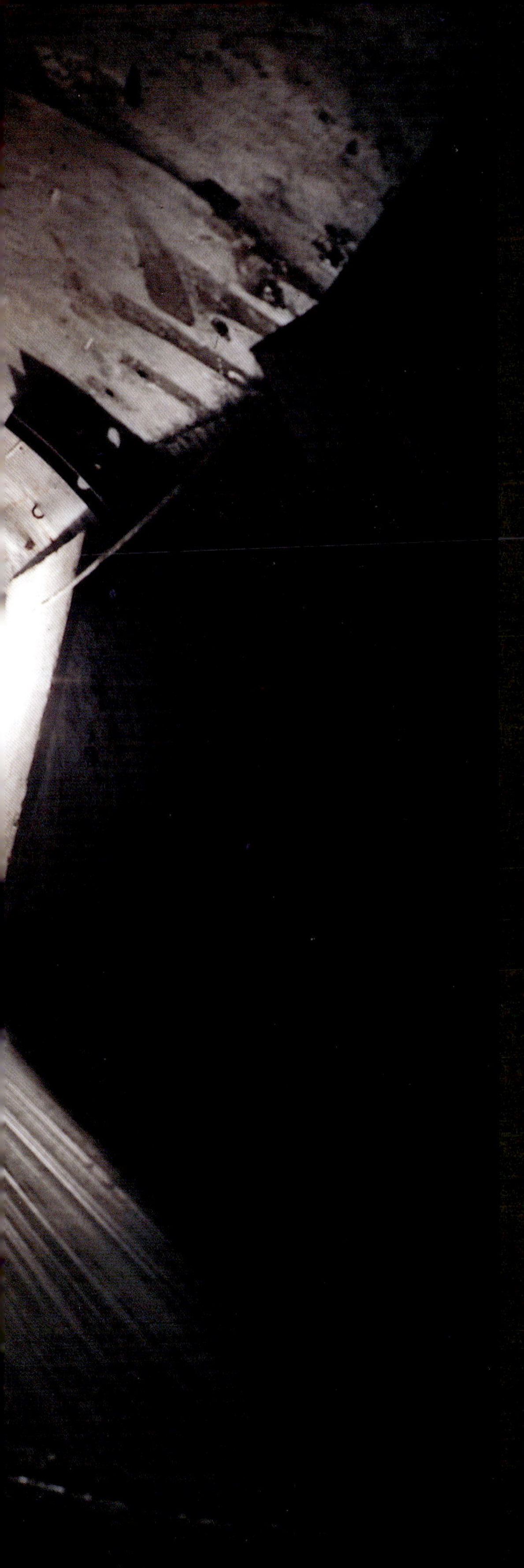

Tous les 250 mètres, des «rameaux de pistonnement» allègent la résistance à l'avancement des navettes.

Une fois revêtu, le rameau de pistonnement mesure 23 mètres de longueur et 2 mètres de diamètre.

Un rameau de pistonnement muni de son déflecteur : la valve est de l'autre côté.

Un forage de reconnaissance horizontal établit le premier contact sous la Manche entre forages français et britannique du tunnel de service. Le 25 octobre 1990, le tunnelier britannique s'arrête et effectue un forage d'essai de 105 mètres de long en direction du tunnelier français. C'est ce type de sonde de 5 centimètres de diamètre qui est utilisé depuis le départ pour «tâter le terrain» des forages.

Le 30 octobre, le tunnelier français T1 atteint le trou de reconnaissance. Les «taupes» mécaniques se trouvent presque parfaitement en face l'une de l'autre : les calculs montreront que l'écart de trajectoire exact entre les deux tunneliers n'est que de 36 centimètres en plan, et de 6 centimètres en hauteur.

Les radios des cabines de pilotage permettent à l'équipe du tunnelier français d'annoncer elle-même aux collègues d'en face que le premier contact est établi.

Le 30 octobre 1990 : contact établi sous le détroit.

Le tunnelier britannique finit sa course le 31 octobre 1990, trois jours après son vis-à-vis français. A la fin de la course sous la Manche de leur tunnelier, les membres d'équipage du T1 laissent leur marque sur les derniers anneaux posés.

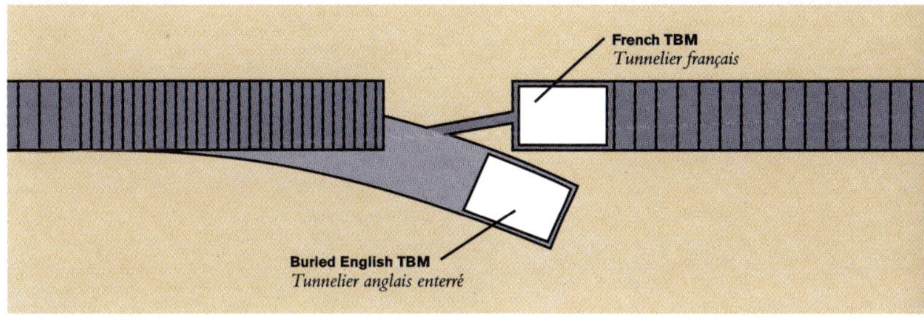

Les tunneliers fonçaient tout droit à la rencontre l'un de l'autre, sans qu'aucun ne puisse reculer, les voussoirs fermant le passage. L'engin britannique tourne à droite pour sortir complètement de la trajectoire du tunnel. Enfin, une galerie est creusée manuellement pour rejoindre la tête du tunnelier français. Une fois la jonction achevée, le tunnelier britannique sera bétonné sur place.

A droite : le tunnelier français T1 est démantelé et évacué en train de chantier. Le train technique du tunnelier britannique subit le même sort.

Le 30 novembre, l'intérieur du tunnelier français est entièrement dégagé. Les équipages repeignent le bouclier en blanc en vue des célébrations du lendemain. Sur le front de taille, au fond, les traces circulaires du dernier tour de tête du tunnelier. La porte de la jonction sera creusée au centre de la paroi.

La jonction historique a été retransmise par les télévisions du monde entier.

Le premier décembre 1990, Philippe Cozette *(à gauche)* et Graham Fagg abattent les derniers centimètres de craie : la première liaison terrestre depuis douze mille ans entre l'Angleterre et le continent européen est établie.

Retransmise en direct, la première jonction sous la Manche a été un moment d'émotion très intense.

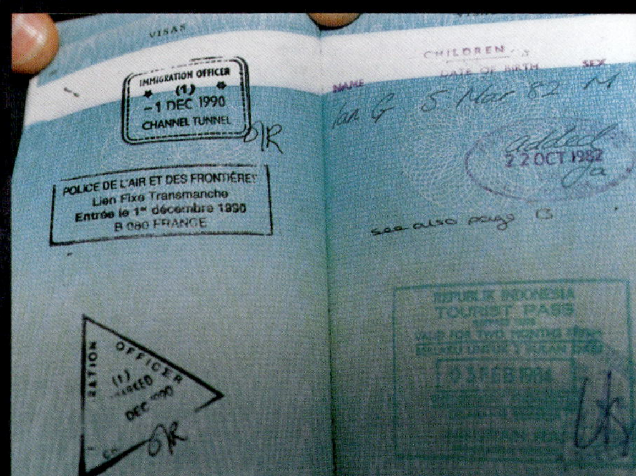

Au dessus : Pendant les jours qui sui-vent la jonction, les membres des équipes françaises et britanniques se rencontrent pour la première fois.

A droite : Le jour de la jonction, des travailleurs du tunnel et des personnalités partent pour le terminal opposé en draisines. La police de l'air et des frontières les y attend !

A la fin de 1990, un premier bâtiment clé de l'exploitation se dresse sur le terminal France.

A la fin de l'été de 1990, une structure métallique carrée de 115 mètres de façade s'élève jusqu'à 16 mètres de hauteur : la charpente du bâtiment qui servira à la maintenance du matériel roulant d'Eurotunnel est posée.

Les terrassements du futur échangeur routier de la Laubanie dessinent des entrelacs, tandis qu'au fond la pose des viaducs de l'échangeur de Fort Nieulay se prépare. En tout, pas moins de quatre échangeurs routiers seront construits pour desservir le terminal.

A la fin de décembre, le toit est presque entièrement posé. Mis en chantier à la fin de 1989, le bâtiment de maintenance a déjà pris son allure de hangar d'aéroport. Le temps presse : il faudra que les équipements des ateliers permettent de travailler sur les premiers matériels roulants dès leur arrivée.

Le terminal en octobre 1990 avec Calais au loin. Les lignes arachnéennes de la zone des quais marquent déjà de leur sceau l'étranglement de la boucle ferroviaire ; tout autour, les lignes et entrelacs des voies routières convergent vers le cercle parfait de l'échangeur de Fort Nieulay.

La construction du système de drainage définitif du terminal France avance. La régulation des eaux est indispensable à la stabilité des ouvrages construits. On voit ici des canalisations qui alimenteront les bassins «suspendus» avec des eaux «relevées» par la station qu'on devine à droite.

Sur le terminal britannique, la liaison ferroviaire avec le réseau anglais est une priorité du chantier.

Ci-contre : Le terminal britannique en septembre 1990, devant Folkestone et la côte française.

Sur la zone des quais, la construction des quatre ponts est bien avancée ; en bas des rampes, les «planchers» qui supporteront les voies ferrées commencent à apparaître.

Les premières voies ferrées définitives sont posées sur la ligne de connexion avec le réseau British Rail : cet axe servira bientôt à desservir le chantier, bien avant le passage des trains transmanche.

L'environnement a été pris en compte dès le début dans les choix du projet.

Eurotunnel est propriétaire de la plus grande partie de la colline qui domine au nord le terminal britannique. Après avoir débarrassé le terrain des broussailles et des déchets, il l'a transformé en pâturage. D'autres actions similaires ont été menées dans le voisinage en collaboration avec des associations.

Le Tunnel sous la Manche a été construit à une époque sensibilisée aux problèmes d'environnement. Dans le Kent, qu'on appelle souvent le «jardin de l'Angleterre», de fortes inquiétudes s'étaient manifestées à l'annonce d'un grand projet qui toucherait des sites naturels dits de «grande beauté» ou «d'intérêt scientifique particulier». Dans le Calaisis, le projet s'est heurté à moins d'oppositions spectaculaires, mais l'opinion était attentive. Des deux côtés de la Manche, Eurotunnel et TML ont pris de multiples initiatives en faveur de l'environnement et de la qualité de vie du voisinage.

Les espaces naturels et l'eau tiennent une grande place sur le terminal France. En 1993, des cygnes y ont élu domicile.

En été 1992, des cyclistes s'entraînent au Fond de la Forge, entre Sangatte et le terminal. En 1987, cette ancienne carrière a servi à entreposer les déblais du creusement du puits de Sangatte. Le site a ensuite été replanté, une piste de bicross a été construite, qui a donné lieu à la création d'un club.

Par temps sec, les routes de chantier des deux terminaux sont humidifiées pour limiter les émissions de poussière.

TML a créé ses propres moyens de secours, constamment en alerte.

Dans la salle de contrôle du puits de Sangatte, un pompier est prêt en permanence à mobiliser des moyens de lutte contre l'incendie. TML dispose de ses propres moyens de secours, tout en gardant un contact direct avec les services publics de sapeurs pompiers. Une organisation semblable est en place à Shakespeare Cliff.

Les équipes de secours sont très entraînées et toujours prêtes à intervenir. Des unités de soins bien équipées ont également été prévues : l'hygiène et la sécurité ne sont pas du tout oubliées sur le chantier.

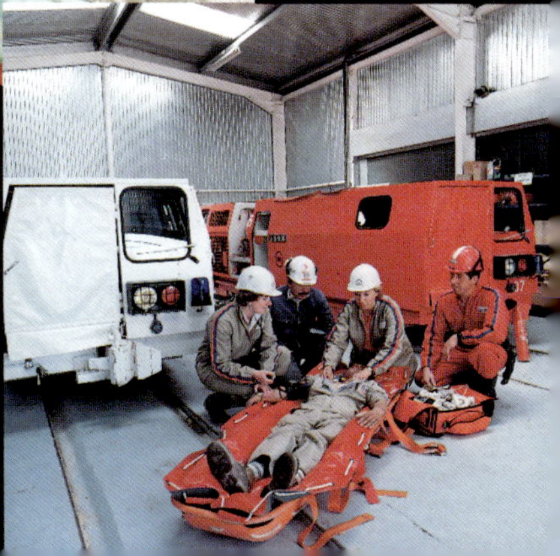

CHAPITRE 10

Mi-janvier :

Les premières caisses de wagons de navettes tourisme arrivent du Canada pour être équipées.

18 - 24 mars :

Un record impressionnant : 428 mètres creusés en une semaine dans le tunnel ferroviaire sud sous mer du côté anglais.

23 avril :

Le tunnelier ferroviaire sud britannique sous mer arrête le forage.

9 mai :

Fermeture de l'usine de préfabrication de voussoirs à l'île de Grain.

22 mai :

Jonction franco-britannique dans le tunnel ferroviaire nord sous mer.

28 mai :

Le tunnelier ferroviaire britannique sud sous mer arrête le forage.

24 - 28 juin :

La dernière jonction franco-britannique dans le tunnel ferroviaire.

De janvier à juin 1991

La fin des forages

Dès le début de mars 1991, Eurotunnel fait traverser la Manche à des journalistes dans le tunnel de service, en train de chantier. Le trajet dure des heures, il faut changer de train à la jonction des chantiers français et anglais : l'on se rend compte à la fois de l'oeuvre accomplie et du chemin qui reste à parcourir pour mettre en service le système de transport du Tunnel.

Les quatre derniers tunneliers battent record sur record mais déjà l'après-forage se prépare.

A la fin du mois de juin, les trois tunnels sont terminés : les quatre tunneliers qui restaient en service dans les tunnels ferroviaire sous mer ont avancé à une vitesse record à la fin de leur parcours. TML a écrit une page d'histoire. Un nouveau défi s'impose : installer les voies ferrées et tous les équipements du système de transport. L'opinion publique l'oublie souvent ; on entend fréquemment : «les tunnels sont creusés, alors qu'est-ce qu'on attend pour l'ouvrir, ce Tunnel ?» Pendant ce temps, le chantier de la traversée-jonction française est stimulé par l'arrivée de main d'œuvre libérée par les forages achevés. Sur le terminal France, le bâtiment de maintenance se dresse déjà.

L'opinion britannique, elle, s'inquiète des conséquences concrètes de cette liaison terrestre avec le continent européen. N'y a-t'il pas de risque de propagation de la rage à travers le Tunnel ? En fait, cela paraît exclu : l'animal doit traverser une grille électrifiée, parcourir 50 km sans boire ni manger, affronter de nouveaux obstacles... Les précautions prises dans ce domaine comme dans beaucoup d'autres sont très sérieuses, même si les inquiets sont toujours difficiles à rassurer.

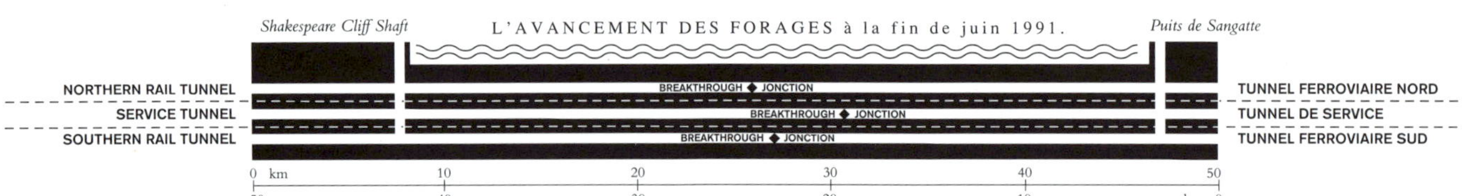

Après avoir fêté la jonction entre les deux tunnels, il restait à compléter les derniers mètres du tunnel de service britannique pour bien le raccorder au tunnel côté français. Nous voyons ici le point de jonction des deux côtés. Le «tube» du tunnelier à la fin de la partie française du tunnel *(à gauche)* sera finalement revêtu de voussoirs.

A la fin des travaux de la jonction, une grille est installée à la frontière officielle provisoire entre la France et la Grande-Bretagne dans le tunnel de service. Placée au point de jonction, cette frontière sert à délimiter clairement les zones de responsabilité entre la France et la Grande-Bretagne pendant la phase d'équipement du tunnel. A la fin de 1992, la frontière sera déplacée - sans grille - vers son emplacement définitif, plus près de la Grande-Bretagne.

En janvier 1991, le tunnelier T6 est démantelé dans sa chambre de réception attenante au plancher du puits de Sangatte. Quant au train technique, il est remorqué vers l'arrière, puis découpé et mis à la ferraille dans la tranchée de Beussingue. Les composants réutilisables seront récupérés pour être vendus.

Le tunnelier qui a foré le tunnel ferroviaire sud sous terre, de Shakespeare Cliff à Holywell, est en route pour Folkestone. Ce pourfendeur de records de forage sera le seul des sept tunneliers ferroviaires à survivre au projet ; il terminera sa carrière exposé au centre d'information d'Eurotunnel du côté britannique.

Un nouveau puits de 112 mètres de profondeur et de 7,8 m de diamètre est creusé au milieu de l'année 1991 entre le sommet de Shakespeare Cliff et les tunnels. Après l'ouverture du Tunnel, de l'air sera envoyé par ce puits pour assurer la ventilation normale des tunnels. Du côté français, un gros conduit de ventilation installé dans le puits de Sangatte remplira la même fonction.

A la mi-mai, la digue de Fond Pignon attend les tout derniers déblais.

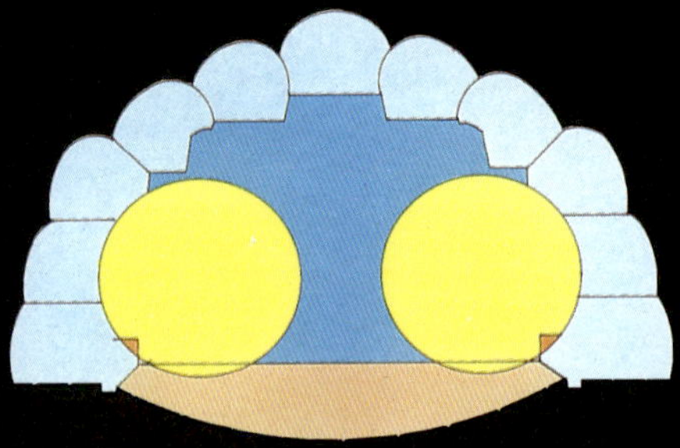

L'énorme voûte de la traversée-jonction française est construite en premier.

Du côté français, la traversée-jonction est construite à partir du tunnel de service, mais après le passage des tunnels ferroviaires. De plus, l'humidité du terrain a imposé de bâtir l'ouvrage selon une méthode très différente de celle employée côté britannique. Tout d'abord, un premier réseau de galeries est creusé autour de la future traversée-jonction. Pendant ce temps, les tunneliers ferroviaires traversent à l'aveugle l'emplacement de l'ouvrage.

Une énorme coque en forme d'arche est construite directement dans la roche autour de la future cavité : onze galeries de 170 mètres de long sont forées puis bétonnées une à une ; l'intérieur de la coque en béton est évidé ; il ne reste plus qu'à démanteler le revêtement des tunnels ferroviaires pour ouvrir une véritable cathédrale souterraine. Les galeries qui entourent l'ouvrage sont comblées.

En mars 1991, les câbles sont tirés dans la longue rampe sud qui longe la traversée-jonction. Sur la droite s'ouvre un des accès aux galeries de plus de 3 mètres de diamètre qu'il faudra creuser pour les bétonner ensuite.
La fin du forage du tunnel de service a libéré cent soixante dix personnes pour ces travaux, qui peuvent donc s'intensifier.

Des excavatrices creusent les deux rampes inclinées qui longent la future galerie monumentale. Ce sont elles qui donnent accès aux emplacements des onze galeries qui formeront la coque de béton. Prise de derrière la machine, cette photographie montre les rayons laser qui servent à guider le forage avec précision.

En haut de la rampe nord, une excavatrice «Lynx» commence à creuser la galerie d'accès au haut de la voûte. A noter : le tapis roulant qui évacue les déblais négocie non seulement les pentes mais également les virages à angle droit.

De chaque côté de la traversée-jonction, les galeries sont creusées puis bétonnées l'une après l'autre : au milieu de l'année, neuf sur onze sont achevées. Pendant ce temps, les trains de chantier continuent à passer dans les tunnels ferroviaires. Le bruit sourd des tunneliers s'entendra très longtemps sur le chantier. Pendant le forage des galeries d'accès, une partie du revêtement des tunnels ferroviaires est mise à découvert ; les voussoirs sont soigneusement étayés et leur état régulièrement inspecté.

Une station de pompage de grande taille a été construite à chacun des trois points bas des tunnels sous le fond de la mer : deux côté britannique, à 5 kilomètres et à 15 kilomètres de Shakespeare Cliff, une côté français, à 9 kilomètres de Sangatte. La capacité de pompage absorberait d'importantes venues d'eau accidentelles. En fait, les infiltrations naturelles dans les tunnels sont beaucoup plus faibles que prévu : il sera même indispensable d'apporter de l'eau de l'extérieur des tunnels pour arriver à faire fonctionner les pompes. Un comble !

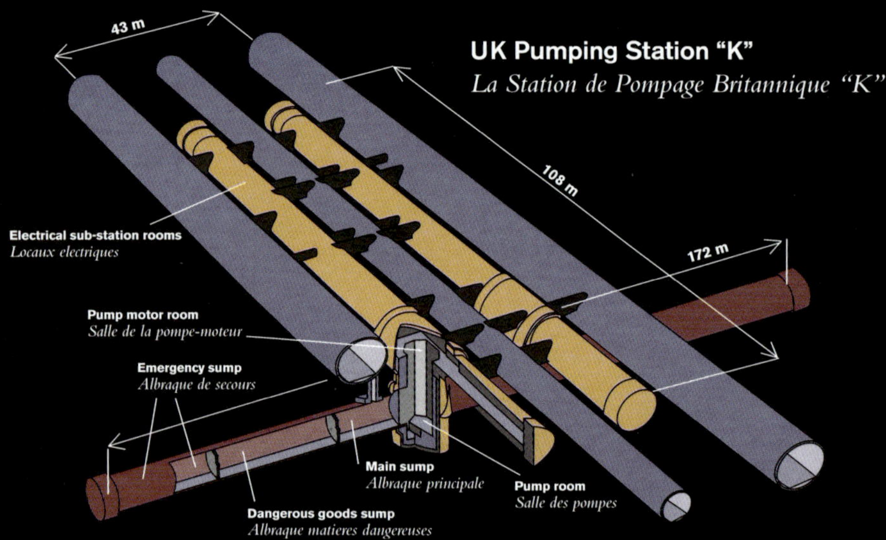

Trois stations de pompage sont construites sous les tunnels.

La station de pompage K est construite au point le plus bas de l'ensemble des tunnels. Son plan est similaire à celui des deux autres stations sous mer. L'ensemble des équipements accompagnant les pompes est logé dans des chambres longeant le tunnel de service. Les pompes, elles, sont placées dans deux puits verticaux reliés par des réservoirs tubulaires. Appelés albraques, ils recueillent séparément les différents types de liquides.

Le creusement de l'une des «chambres-réservoirs» de la station de pompage K.

En février 1991, une des salles d'équipement de la station de pompage K à partir de son puits nord.

En février 1992, un ingénieur inspecte des canalisations dans la station de pompage K.

Le moteur électrique d'une pompe dans un puits de la station de pompage sous mer du côté français.

Les deux jonctions des tunnels ferroviaires sous la Manche suivent le même scénario : le tunnelier britannique pique du nez pour sortir de la trajectoire du tunnel ; il est alors scellé dans le béton, son train technique démantelé. Alors, le tunnelier français s'avance, au-dessus de son vis-à-vis, jusqu'à la jonction avec le tunnel britannique.

Le 22 mai 1991, le tunnel ferroviaire nord relie la France et la Grande-Bretagne.

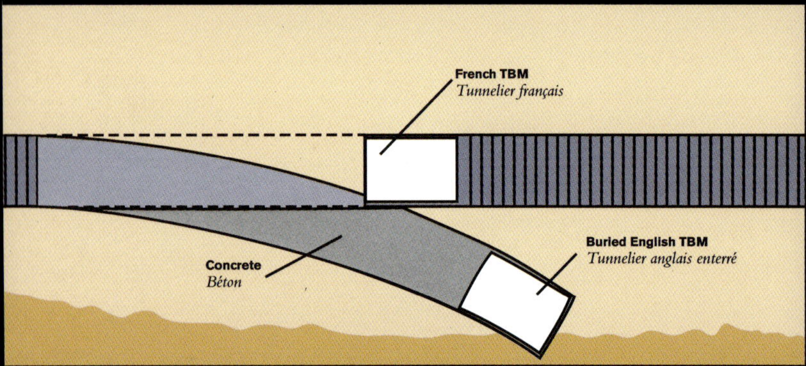

Le 10 mai, énorme chantier de ferraillage sous la Manche : le train technique du tunnelier britannique est en train d'être mis en pièces.

Le dernier anneau de voussoirs est posé le 23 avril dans le tunnel ferroviaire nord sous mer côté britannique, avec huit semaines d'avance sur le programme. Il entame ensuite ses 66 mètres de descente, achevés le 4 mai. Deux jours plus tard, le tunnelier est déjà presque entièrement englouti dans le béton.

Le 21 mai, le tunnelier français commence à entrer dans le tunnel en pente creusé par la machine britannique maintenant murée dans le béton. Le petit tunnel incliné n'a été revêtu que d'une couche de béton tendre.

Nous sommes le 22 mai 1991, 12 heures : le tunnelier français T2 baptisé «Europa» achève le percement du premier tunnel ferroviaire sous mer entre la France et la Grande-Bretagne, devant une véritable foule.

Au début de juin, le tunnelier ferroviaire sud côté britannique effectue sa descente finale : le béton employé en revêtement temporaire donne à l'aire de pose des voussoirs une allure inhabituelle. Le dernier anneau a été posé le 28 mai. Le 8 juin, sa descente finale est terminée.

Sous le train technique.

Le 17 juin, le béton atteint le sommet de la zone d'agrippage du tunnelier britannique à enterrer.

Le 25 juin, deux spectateurs se serrent la main dans le tunnel britannique, tandis que le tunnelier français grignote les derniers mètres de craie à traverser pour achever les 150 kilomètres des trois tunnels sous la Manche.

L'ultime jonction : le 28 juin 1991, les 150 kilomètres de tunnels sont creusés.

Le 28 juin 1991 à 12 h 50, le tunnelier ferroviaire sud français déchire un immense rideau tricolore presque à mi-distance entre Sangatte et Shakespeare Cliff : le creusement des tunnels est terminé avec deux jours d'avance sur le premier programme des travaux, établi en 1985.

En bas des rampes, les plates-formes de béton en «U» supporteront les voies ferrées de la zone des quais.

Au milieu de l'année 1991, les quais sont construits en remplissant de sable le «moule» formé par les murets qui bordent les voies.

En mars, un pont est asphalté. Les quatre ponts de la zone des quais vont rendre de grands services pendant la fin des travaux en offrant une liaison routière commode entre l'intérieur de la boucle ferroviaire et l'ouest du terminal.

Les ponts et le bâtiment de maintenance marquent déjà le terminal France.

Un élégant viaduc traversera le lac de Fort Nieulay. En mars 1991, les deux branches supérieures du Y sont prêtes à se rejoindre.

Le centre de contrôle du terminal France prend de la hauteur. Qu'à cela ne tienne, ses escaliers arrivent. Il supervisera le trafic routier du terminal et se tiendra continuellement prêt à relayer le centre de Folkestone qui contrôlera le trafic ferroviaire de tout le système de transport.

La livraison des premiers matériels roulants ouvre une nouvelle phase dans la préparation de l'exploitation du Tunnel.

Le 11 février 1991, une forte chute de neige, la première depuis le début des travaux, donne un visage inattendu au terminal britannique.

Au printemps, la sous-station électrique principale du côté britannique prend forme sur le terminal. Elle sera alimentée à 132 000 volts par le réseau britannique, qu'elle convertira aux voltages utilisés pour l'exploitation d'Eurotunnel.

Au début de janvier 1991, les premières caisses de wagons de navettes pour les véhicules de tourisme arrivent à Zeebrugge à bord du Federal Ottawa : elles ont été construites au Canada, par Bombardier.

En Belgique, ces caisses destinées à des wagons sans plancher intermédiaire sont acheminées à Bruges par voie fluviale : Brugeoise et Nivelles va les équiper.

CHAPITRE 11

15 juillet :

La pose des rails commence dans les tunnels ferroviaires britanniques.

15 août :

La sous-station électrique principale côté anglais est raccordée au réseau national.

23 octobre :

La traversée-jonction britannique remporte le prix de la plus belle réalisation de génie civil de l'année en Grande-Bretagne.

6 novembre :

La Communauté européenne du charbon et de l'acier ouvre une ligne de crédit de 2 milliards de francs à Eurotunnel.

25 novembre :

Protocole franco-britannique sur les contrôles frontaliers du Tunnel sous la Manche.

4 décembre :

La caisse de la première locomotive de navette part de Qualter Hall.

De juillet à décembre 1991

Du creusement à l'équipement

Maintenant que les trois tunnels sont forés, que les ouvrages des terminaux sont construits, les travaux changent de visage. Dans les tunnels, les convois lourds de voussoirs et de déblais cèdent la place aux trains spécialisés dans l'installation des différents équipements prévus : tuyaux, câbles, etc. Sur les terminaux, la pose des voies est engagée. Elle va faciliter la desserte des chantiers des tunnels par des trains sur voie normale. Une succession de chantiers confiés à des sous-traitants spécialisés se déplace petit à petit le long des 50 km de chaque tunnel. Pendant les forages, le chantier employait beaucoup plus de personnel du côté britannique ; maintenant 8 000 personnes travaillent sur les chantiers du côté britannique, 5 700 du côté français. Mais les effectifs de TML commencent à décroître.

En fait, toute la logistique du chantier change : la fabrication des voussoirs et le traitement des déblais sont remplacés par la fabrication des blochets et la préparation de la pose des équipements. Au moment où les tout premiers matériels roulants n'ont pas encore été livrés sur le site, l'opinion ne voit déjà plus le tunnel comme un grand chantier, mais comme une infrastructure de transport bientôt en service. L'intérêt se déplace vers la concurrence avec les ferries, l'avenir des ports de la Manche, les opportunités qu'offrira le Tunnel, en particulier pour la région Nord-Pas-de-Calais.

Un nouveau défi logistique : équiper 150 kilomètres de tunnels tout en commençant à poser la voie définitive.

En juillet 1991, l'herbe reprend possession petit à petit de Holywell : les tunnels sont entièrement recouverts de plantations. Au premier plan, des dalles de béton ferment maintenant les accès verticaux aux chambres de réception des tunneliers. Eux aussi disparaîtront bientôt sous les remblais.

Les soudures des armatures d'acier de la traversée-jonction britannique sont inspectées.

En août 1991, sous la Manche côté anglais, la galerie monumentale a perdu un peu de volume : elle a reçu son revêtement définitif de 90 centimètres d'épaisseur en voûte et de 120 centimètres sur les côtés. Avec son croisement de voies au centre, elle joue déjà son rôle de traversée-jonction, mais pour les voies de chantier... Des plaques d'acier placées en hauteur sur les côtés font penser à des lucarnes : c'est à partir d'elles que sera montée la structure métallique qui servira d'encadrement à une énorme porte.

Au début du mois d'octobre, le découpage des revêtements des tunnels ferroviaires commence dans la traversée-jonction côté français ; il reste également à déblayer la roche coincée entre les deux tunnels.

En décembre 1991, l'espace intérieur de la traversée-jonction est dégagé. Il est maintenant possible de construire le plancher en trois bandes successives, pour ne pas bloquer la circulation dans les deux tunnels ferroviaires à la fois.

Une excavatrice sur chenilles creuse tout près du sommet de la voûte en béton : le déblaiement commence dès la mi-août 1991, un mois avant même que toutes les galeries constituant la coque soient bétonnées.

Des pelles mécaniques déblayent le terrain sous le toit de la traversée-jonction. Les tunnels ferroviaires passent en dessous.

Les galeries creusées sont bétonnées : on dresse d'abord une cloison qui ferme une partie de la galerie, puis on injecte du béton jusqu'à remplir tout l'espace derrière la paroi.

Ce 6 novembre 1991, sainte Barbe, patronne des mineurs, n'est pas oubliée sur le chantier de la traversée-jonction : la niche aménagée pour sa statuette dans une galerie du chantier est fleurie.

En décembre 1991, de ce côté de la traversée-jonction, le bétonnage du plancher est bien avancé dans les deux bandes latérales, tandis que le trafic se poursuit dans le couloir central.

Les trois tunnels sont finalement complétés pour traverser le puits de Sangatte : du haut, le trafic transmanche sera invisible. De même, au fond de Shakespeare Cliff, le diamètre des chambres de montage des tunneliers est réduit pour ramener leurs dimensions à celles des tunnels.

Au fond du puits de Sangatte, le béton monte. Après l'achèvement des forages, le démontage de la chaîne de traitement des déblais accompagne celui des tunneliers : 1 000 tonnes de matériel sont remontées et revendues. De plus, les calculs ont montré que 130 000 tonnes de béton devaient être coulées sous le niveau des tunnels. Sinon, le puits de Sangatte «flottera» bientôt comme un gigantesque baril sur la nappe phréatique, qui remontera.

Chaque galerie de communication est fermée par une porte placée du côté du tunnel ferroviaire, qui isole le tunnel de service. Ce dernier recevra en permanence de l'air frais de la surface, pour aérer les trois tunnels. Une légère surpression permanente dans le tunnel de service le protégera contre la fumée qui pourrait venir d'un tunnel ferroviaire : le tunnel de service pourra donc jouer le rôle d'espace-refuge s'il faut - hypothèse très improbable - évacuer un train ou une navette en tunnel.

Les portes des galeries de communication pèsent 1,5 t. Leur installation ne demande pas moins de quatre ou cinq jours. Elles sont insensibles au souffle d'air dû au passage des navettes, et résistent un bon moment au feu. Elles s'ouvrent cependant à la main ou par commande électrique.

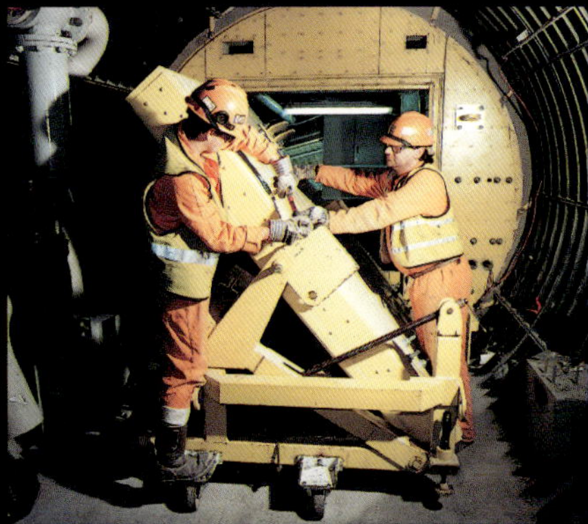

Chaque rameau de pistonnement doit être équipé d'une valve pouvant être ouverte ou fermée en trente secondes, par exemple pour pouvoir préserver un des tunnels ferroviaires de fumées en provenance de l'autre tunnel. Les valves sont posées par des appareils de levage spécialement adaptés à ce chantier.

ferrées ont été installés rien que sur les terminaux.

Sur les terminaux, pas moins de 95 kilomètres de voie doivent être posés : presque autant que dans les tunnels ferroviaires. En plus des voies de la boucle ferroviaire et de la zone des quais, les terminaux sont en effet équipés de voies de garage et de connexions ferroviaires avec les réseaux nationaux La pose des voies a commencé en novembre 1990 sur le terminal anglais, en décembre en France. Sur les voies de circulation, les rails d'acier sont plus lourds que les rails qui satisfont habituellement aux normes britanniques : 60 kilos par mètre contre 52, ce qui devrait leur permettre de mieux résister à l'intensité du trafic prévu. Les aiguillages sont nombreux et divers : certains appareils de voie peuvent même atteindre 30 mètres de long pour faciliter le passage de l'aiguillage à vitesse élevée.

Des canalisations d'eau anti-incendie en cours d'installation dans le tunnel de service, un des très nombreux équipements de sécurité installés dans les tunnels. L'eau à haute pression provient de réservoirs construits à Sangatte, Shakespeare Cliff et aux portails. Chaque galerie de communication abrite des branchements, des tuyaux d'approvisionnement et de quoi produire de la mousse pour alimenter les bouches à incendie.

Les bouches à incendie en tunnel comportent systématiquement deux branchements, adaptés aux équipements des pompiers français d'une part, aux britanniques de l'autre.

La pose des voies sur la boucle du terminal français en mars 1991. Pour augmenter leur résistance à l'usure provoquée par le passage répété en courbe des navettes, les rails sont en acier trempé.

L'alignement des voies est rigoureusement contrôlé.

Un train de ballast et un régleur de ballast en activité sur la boucle ferroviaire du terminal français en avril 1991.

En août 1991, pose des voies sur la boucle ferroviaire du terminal anglais.

En juillet 1991, ponts et rampes de la zone des quais du terminal français semblent achevés. Les quatre ponts de chargement *(en arrière)* et de déchargement *(en avant)* paraissent plus longs que nécessaire : il a été prévu dès le départ de pouvoir doubler le nombre de voies à l'avenir, en fonction des besoins.

Les navettes arriveront par l'extrême est. Les deux ponts arrière servent aux véhicules qui viennent se présenter à l'embarquement ; les deux ponts au premier plan servent aux véhicules sortants. Comme en France, on a prévu un espace pour pouvoir ajouter de nouveaux quais, sans reconstruire les ponts.

Quatre mois plus tard, les rails sont posés sur la zone des quais : on a déjà l'impression que seuls manquent navettes et véhicules routiers pour que l'exploitation puisse démarrer.

Les deux sous-stations électriques principales d'Eurotunnel ont été construites près des portails. Elles sont achevées au cours de l'été de 1991.

La sous-station principale côté britannique est mise sous tension à 132 000 volts le premier août. Elle fournira l'énergie électrique de la moitié des tunnels et des terminaux.

La sous-station électrique principale sur le terminal France est construite à côté de la tranchée de Beussingue. Elle est mise sous tension à 225 000 volts le 21 novembre et fournira par la suite l'énergie de la «moitié française» du projet.

Une fois les voies ferrées posées sur les terminaux, la construction des mâts et des câblages de caténaires commence. Sur la zone des quais français, il s'agit d'ouvrages tout à fait originaux : des «structures haubanées» blanches et aériennes.

TGV transmanche en construction.
En 1988, les compagnies de chemins de fer française, britannique et belge ont formé un consortium afin de lancer un appel d'offres commun pour la construction des trains de passagers transmanche à grande vitesse.
Un consortium mené par GEC et Alsthom a été retenu. Il fallut adapter le concept du TGV au gabarit britannique, plus étroit, et prévoir une alimentation électrique par troisième rail.
Les contraintes furent encore plus nombreuses que pour le TGV Nord Paris-Lille-Bruxelles et au delà : il fut nécessaire de s'adapter aux voltages et aux caractéristiques techniques d'au moins trois pays différents, sans oublier les impératifs spécifiques au Tunnel sous la Manche.

Les composants des navettes sont produits dans plusieurs pays différents. Ici, un ingénieur de l'usine ABB en Suisse étudie le circuit du bloc-moteur d'une locomotive de navette.

CHAPITRE 12

10 février :

La date d'ouverture annoncée est reportée du 15 juin à la fin de l'été de 1993.

19 mars :

Réouverture après rénovation du Centre d'exposition d'Eurotunnel sur le site du terminal anglais.

3 avril :

Le duc d'Edimbourg, époux de la Reine, traverse la Manche en train de chantier du Tunnel.

3 avril :

La voie définitive est entièrement posée dans le tunnel ferroviaire nord britannique.

25 avril :

Première mise sous tension de caténaire sur le terminal britannique.

29 avril :

Arrivée sur le terminal anglais du premier wagon chargeur de navette «fret».

12 mai :

La millionième tonne d'approvisionnement d'agrégats arrive en train au pied de Shakespeare Cliff.

De janvier à juin 1992

La voie définitive dans les tunnels

Dans les tunnels, la pose des équipements définitifs commence par l'enlèvement des tuyaux, câbles et stations de chantier. Les transports dans les tunnels sont donc particulièrement sollicités au moment même où la pose de la voie définitive rend les tunnels ferroviaires partiellement indisponibles. La desserte du chantier n'a jamais été aussi complexe à organiser.

A la fin du mois de juin, les canalisations de réfrigération et les principaux systèmes de contrôle d'incendie sont presque tous installés, de même que les câbles électriques et les caténaires. La pose des voies, tâche gigantesque, est bien engagée. En dépit de leur ampleur, ces travaux passent quasiment inaperçus du grand public : une fois le forage achevé, l'intérêt du public est largement retombé, même si, en particulier en France, les nombreux actionnaires continuent à manifester leur intérêt pour le chantier.

En avril 1992, les voies de chantier françaises et britanniques sont exceptionnellement reliées pour le passage du duc d'Edimbourg.

En mai, le duc d'Edimbourg époux de la reine d'Augleterre, prend le train - de chantier - d'Angleterre en France : quelques haltes lui permettent de constater les progrès des travaux. Les voies de chantier française et britannique sont reliées pour l'occasion. Ce sera la seule et unique fois qu'un train parcourra tout le Tunnel sur les voies de chantier.

Comme les voussoirs, les blochets en béton contiennent une armature en acier. Un blochet pèse une centaine de kilos.

Tous les 340 000 blochets des voies ferrées des tunnels ont été fabriqués sur le site de Sangatte.

Un technicien vérifie la conformité géométrique d'un blochet : seuls sont tolérés 1 à 2 millimètres d'écart par rapport à la norme.

Avant de poser la voie définitive, il faut ôter les rails de construction. Une grue montée sur roues s'en charge dans les tunnels britanniques. Elle roule sur les trottoirs moulés dans les voussoirs.

Au voisinage de chacun des portails, les rails de 180 mètres de long sont montés sur des blochets munis de leurs semelles et de leurs chaussons. Ils sont ensuite stockés sous des portiques prêts à les charger dans les trains spéciaux.

La couche de gravier qui sert habituellement de support aux voies ferrées est légèrement élastique, ce qui réduit l'effort auquel sont soumis les rails à chaque passage de train. Mais une plate-forme de béton serait, elle, tout à fait rigide. Sonneville ingénieur français établi aux Etats-Unis - a donc imaginé comment pallier cet inconvénient. Les rails sont fixés à des blochets, de petits blocs de béton ; des chaussons et des semelles sont placés entre les blochets et le «plancher» de béton pour assurer l'élasticité recherchée.

Les quelque 340 000 blochets des tunnels ont été produits à Sangatte, dans l'usine de préfabrication des voussoirs. 180 000 blochets ont été expédiés en Grande-Bretagne par camion et par ferry.

Du côté français, un engin de 60 mètres de long appelé «diplodocus» récure le fond du tunnel grâce à une benne capable d'enlever 5 mètres cubes de débris.

Le diplodocus commence par dégager la double voie étroite de chantier. Il soulève les rails et leurs traverses ; il les évacue ensuite vers l'avant.

Les tunnels ferroviaires doivent être nettoyés de fond en comble avant que le plancher soit bétonné. Côté français, une nettoyeuse suit le diplodocus : ses jets d'eau à haute pression achèvent de décaper les résidus accrochés aux voussoirs.

100 kilomètres de tunnels doivent être débarrassés et nettoyés avant la pose de la voie définitive.

Dans les tunnels britanniques, il faut retirer le ballast sur lequel avaient été posées les voies de chantier.

Quand le tunnel est nettoyé, la construction de la voie proprement dite commence. Dans les tunnels britanniques, un premier plancher en béton est construit. Il renferme la canalisation de drainage que l'on voit ci-dessus.

Dans les tunnels, la voie repose sur un plancher en béton.

Sur le terminal France, un train porteur de rails munis de leurs blochets prend le tournant qui mène aux tunnels : on voit que les rails d'acier de 180 mètres de long ne sont pas seulement résistants mais souples. Ce train transporte également les portiques de pose des voies.

Des rails montés sur roues sont placés juste après les derniers rails définitifs posés. Grâce à cette voie mobile, les wagons plats porteurs de rails peuvent s'avancer jusqu'à l'emplacement où les prochains rails doivent être posés. Deux rails sont alors soulevés du wagon qui se retire *(ci-contre)*. C'est à ce moment-là que le petit camion Unimog que nous voyons tire les rails provisoires vers l'avant *(ci-dessous)*: la place est libérée pour déposer la voie définitive.

Les portiques relèvent leurs bras et avancent avec le train de chantier pour recommencer 180 mètres plus loin.

Les bras des portiques se rabaissent pour déposer la voie définitive. Sitôt posés, les rails sont mis en position et attachés aux derniers rails définitifs et à la voie provisoire posée juste après.

Avant que les blochets ne soient encastrés dans le béton, ils sont réglés puis bloqués par la pose de barres d'écartement : moins d'1 centimètre d'écart de position est toléré par rapport au tunnel, 1,5 mm sur 10 mètres par rapport à la section de voie précédente. Cela permet d'éviter le bruit, le tangage, les petits chocs lors du passage des trains et des navettes : c'est très important pour le confort des voyageurs, mais également pour limiter l'usure de la voie et du matériel roulant. Les tests montreront que la qualité géométrique de la voie qui a été obtenue est exceptionnelle, et même supérieure à certains égards à celle des lignes du TGV.

Pour sceller la voie, du béton est coulé tout autour des blochets, en laissant émerger le haut des «chaussons». Il faut ensuite attendre jusqu'à trente-six heures de séchage avant de pouvoir passer sur la voie. Les blochets pourront facilement être remplacés ; il suffira de les retirer de leurs chaussons en les soulevant. Cette facilité d'entretien est une des qualités de la voie Sonneville.

Des trains sophistiqués de 2 000 tonnes produisent le béton des voies à l'intérieur des tunnels, à la cadence de 80 mètres cubes par heure. A partir du moment où des voies uniques remplacent les doubles voies de chantier, la circulation des trains dans les tunnels devient problématique ; c'est pour cette raison que la pose de la voie définitive dans les tunnels a été effectuée en dernier. Les trains de chantier deviennent alors des usines roulantes aussi autonomes que possible.

Construire la voie ferrée définitive, c'est aussi poser les deux trottoirs latéraux. Dans les tunnels du côté britannique, ils reposent sur les marches incorporées aux voussoirs. Du côté français, il a fallu commencer par construire ces marches avant de poser les trottoirs. Ces derniers sont alors construits à partir de morceaux préfabriqués posés par un wagon spécialisé. Le bétonnage vient ensuite.

Ci-dessous : Un pont dans un tunnel ! Dans le complexe souterrain de Shakespeare Cliff, pour accéder au tunnel de service à partir de la descenderie A2, il faut traverser le tunnel sud. Un pont tournant original a donc été mis en place.

Dans les tunnels, les voies à écartement normal et les voies étroites de chantier ont coexisté pendant des mois.

Train de travaux sur le terminal britannique. La pose de la voie unique dans les tunnels met fin à la souplesse apportée par la double voie ferrée de chantier : tout travail près des portails bloque entièrement les entrées et les sorties du Tunnel.
Or, l'équipement des tunnels n'est pas fini. La planification des circulations de trains est donc très compliquée même si le tunnel de service reste provisoirement équipé de deux voies ferrées de chantier.

Une locomotive Diesel de travaux est accouplée à son wagon laveur de gaz d'échappement pour le tunnel. Au second plan, l'atelier de maintenance des équipements fixes est en construction; le petit atelier de réparation du matériel roulant est déjà bâti.

En mai 1992, le croisement de la traversée-jonction britannique sous mer est en préparation. Contrairement au reste des tunnels, les rails reposent sur des traverses en bois. La longue structure métallique du toit couvrira les battants coulissants qui sépareront les deux tunnels en exploitation normale.

Ci-dessus : dans cette vue de demie traversée-jonction souterraine de Holywell, les portes jaunes du tunnel de liaison sont ouvertes ; elles seront fermées en exploitation normale. L'ouvrage équivalent côté français est à l'air libre à l'extérieur du portail.

En avril 1992, les trois tunnels sont entièrement recouverts dans le puits de Sangatte. Seul l'ascenseur pour le personnel rappelle le chantier de forage. L'exploitation se prépare : les locaux techniques du puits sont en construction, tandis que les armatures d'acier sont posées - on y fixera bientôt d'énormes conduites de ventilation.

Au début de l'année 1992, c'est maintenant au centre de la traversée-jonction de recevoir son plancher en béton.

Trois mois plus tard, une charpente métallique est suspendue à plus de 7 mètres du sol tout le long de l'ouvrage : elle portera les locaux techniques tout en tenant la porte de la traversée-jonction.

A la fin d'avril, la traversée-jonction côté français a changé au point de devenir méconnaissable. Des murs de séparation sont construits à chaque extrémité de l'immense galerie. La structure d'acier en hauteur est maintenant en place.

Le réchauffement de l'air au passage des trains conduit à réfrigérer les tunnels.

En bas de Shakespeare Cliff, les quatre réfrigérateurs géants sont livrés à la fin d'avril 1992. Les voici peu de temps après. Leur capacité cumulée atteint 7,65 MW.

Les trains, les navettes, les équipements souterrains consomment tous de l'énergie, dont la plus grande partie se dissipe en chaleur. La croissance prévisible du trafic du Tunnel risque donc d'entraîner à terme une augmentation excessive de la température qui pourrait finir par dépasser les 40° C. C'est pourquoi un énorme système de réfrigération des tunnels a été mis en place. Au delà d'une température déterminée, de l'eau glacée sera envoyée dans des canalisations qui courent le long des tunnels ferroviaires. Sur la plate-forme de Shakespeare Cliff, une unité de réfrigération alimente quatre circuits - un par section de tunnel ferroviaire britannique. De l'autre côté de la Manche, l'usine de Sangatte joue le même rôle, mais un seul circuit de réfrigération parcourt les deux tunnels ferroviaires sous terre.

A côté du bâtiment abritant les réfrigérateurs ont été installés des aéro-réfrigérants. La peinture colorée des équipements de Sangatte contraste avec l'allure terne des installations britanniques qui les fond dans l'environnement.

Aux portails français et anglais, de longs tuyaux de réfrigération sont soudés avant leur installation par grande longueur dans un tunnel : la pose est ainsi plus rapide, mais il faut alors manipuler ces tuyaux de plus de 40 mètres avec beaucoup de précautions.

Des trains spéciaux munis de bras robotisés transportent et posent les longs tuyaux de réfrigération sur les supports déjà installés dans le tunnel. Effectuer des soudures dans un espace si réduit requiert des talents de contorsionniste. Les soudures sont ensuite contrôlées aux rayons X.

On distingue ici l'extrémité du circuit de réfrigération dans le tunnel ferroviaire nord côté britannique. Cette photographie a été prise avec un temps d'exposition record dans le Tunnel : quarante minutes avec un objectif de 500 millimètres.

Au début de 1992, un nouveau bâtiment prend rapidement forme sur la hauteur qui domine la zone des quais sur le terminal France : ce sera le siège d'exploitation du groupe Eurotunnel. Il ouvrira dès le mois de novembre.

L'échelle du bâtiment de maintenance du matériel roulant en dit long sur la taille exceptionnelle des navettes d'Eurotunnel, tant par leur longueur que par leur gabarit. Desservi par huit voies ferrées et fermé par des portes de hangar, le bâtiment est en pleine phase d'équipement au début de 1992. Il est plus haut sur sa partie gauche : un pont roulant accroché au plafond pourra y soulever 25 tonnes jusqu'à une hauteur de 12 mètres.

En janvier 1992, de nombreux équipements manquent encore. Cependant, la rangée des colonnes de levage qui serviront à soulever jusqu'à trois wagons de navettes à la fois est déjà en cours d'essai. C'est ici, dans la moitié "haute" du bâtiment de maintenance, que seront effectuées les opérations pour lesquelles il sera nécessaire de détacher des wagons ou des locomotives de leur rame.

Au printemps de 1992, les viaducs de l'échangeur de Fort Nieulay dominent le chantier de l'autoroute littorale ; ils sont prêts à être asphaltés, tandis que s'engage la construction du lac artificiel de 400 mètres de diamètre.

Maintenant que les mâts se dressent sur la zone des quais, le terminal hisse ses voiles sur les aubettes des contrôles et des péages. La tâche est rude : ces auvents élancés mesurent 18 mètres de côté et pèsent 40 tonnes chacun.

A gauche : Les "baldaquins" des postes de péage sont en construction à l'entrée du terminal britannique. Leur couleur blanche est caractéristique, à côté du gris, de tous les ouvrages de surface du Tunnel sous la Manche dont l'architecture varie cependant suivant le site.

A droite : Le curieux toit de la cour centrale du bâtiment de services pour les passagers est déjà en place depuis la fin de 1991. De fabrication américaine, ce type de toit est plus caractéristique du Middle West que de l'Angleterre.

Des bâtiments de services aux voyageurs sont construits sur les deux terminaux.

En mars, le génie civil du bâtiment passagers du terminal britannique est presque achevé. Les voyageurs pas trop pressés pourront trouver là toute une gamme de produits et de services.

En tout, la moitié des deux cent seize caisses des wagons de navettes sera livrée à l'usine ANF de Crespin pour être équipée de son plancher supérieur. Chaque wagon pourra ainsi accueillir non pas cinq, mais dix voitures de 1,85 m de hauteur maximale. Les wagons sans plancher intermédiaire servent à transporter les véhicules plus hauts, en particulier les autocars.

Chaque wagon de navette est isolé soigneusement contre le bruit et la chaleur, mais également contre le feu, comme ici à l'étage supérieur d'un wagon à double plancher.

Le revêtement intérieur d'un wagon à simple plancher est posé dans l'usine Bombardier-Eurorail-BN à Bruges.

Les voitures “Club” des navettes “fret” sont construites en Italie par Breda et Fiat. Placées en tête de navette, elles accueilleront les conducteurs de camions pendant leur trajet, avec un confort de première classe.

Le câblage d’un wagon est en cours : les différents circuits électriques, électroniques et de communication nécessitent la pose d’une cinquantaine de kilomètres de câbles dans chaque wagon de navette tourisme.

Chaque wagon pour voitures contient une cinquantaine de kilomètres de câbles.

Le 29 avril 1992, le premier matériel roulant est livré : un wagon de chargement et de déchargement de poids-lourds arrive sur le terminal britannique en provenance de Savigliano en Italie. Il fonctionne comme une plate-forme munie sur les côtés de deux «volets», ou plats-bords, qui sont rabattus à quai pour le chargement et le déchargement des camions.

Une locomotive de service d'Eurotunnel est en début d'assemblage à Kiel en Allemagne. Cinq puissantes locomotives Diesel seront utilisées par Eurotunnel pour tracter les trains de travaux, mais également pour assurer les manœuvres et certains dépannages.

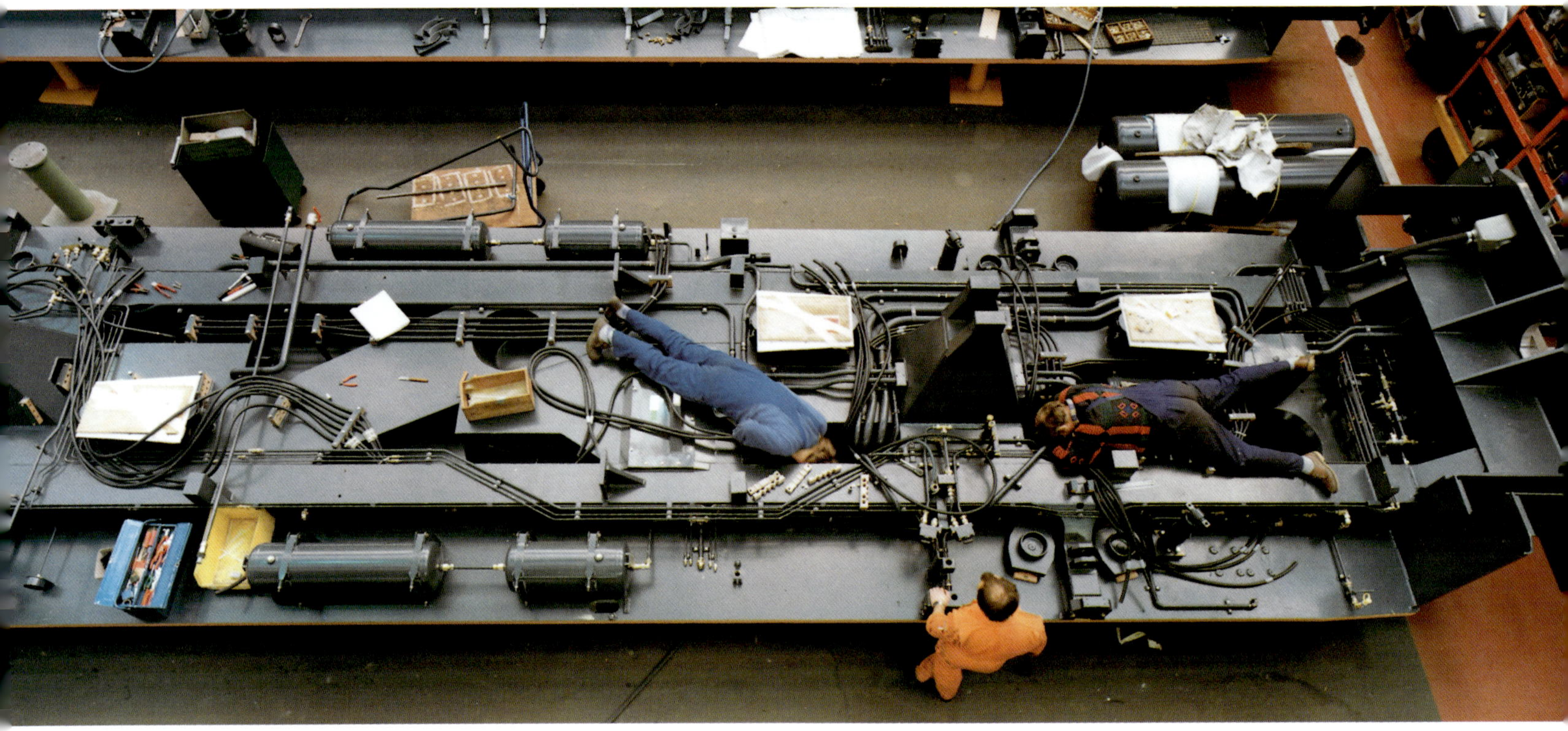

Les caisses en acier des trente-huit locomotives des navettes ont été construites par Qualter Hall à Barnsley. Elles sont ensuite transportées aux ateliers Brush Traction Works à Loughborough. Là, elles sont équipées des appareils de propulsion fournis par ABB en Suisse.

A chaque étape de l'élaboration et de la construction du Tunnel sous la Manche, des tests rigoureux et approfondis sont effectués. Ici, une caisse de locomotive est soumise à des efforts sur plusieurs axes dans le Centre d'études de British Rail à Derby.

CHAPITRE 13

8 juillet :

Eurotunnel annonce que son service de navettes pour véhicules routiers à travers la Manche s'appellera «Le Shuttle».

26 juillet :

Les quatre premiers wagons qui transporteront les camions arrivent sur le terminal anglais.

31 juillet :

La voie définitive du tunnel ferroviaire sud du côté anglais est posée.

11 août :

Ouverture du nouveau Centre d'exposition sur la colline qui domine le terminal France.

28 octobre :

La SNCF, British Rail et la SNCB annoncent le nom de marque du TGV transmanche : Eurostar.

26 novembre :

La voie du TGV Nord est reliée aux voies ferrées du terminal français.

30 novembre :

La frontière franco-britannique définitive est marquée sous la Manche.

14 décembre :

Livraison de la première locomotive électrique de navette sur le terminal France.

15 décembre :

Livraison de la première locomotive Diesel sur le terminal français.

De juillet à décembre 1992

Wagons et locomotives débarquent

A la fin de l'année, les tunnels et les terminaux sont visiblement presque terminés. Restent encore à réaliser des travaux très techniques, comme l'installation et les essais des systèmes de signalisation, de contrôle et de communications.

L'arrivée des premiers wagons ouvre un nouveau volet des travaux : la réception et les essais un par un des matériels roulants d'Eurotunnel. Eurotunnel se prépare à son futur rôle d'exploitant. Les services d'exploitation s'organisent autour d'un noyau de responsables expérimentés. Leurs premières tâches : recruter les cadres de la future société de transport et élaborer avec eux l'ensemble des procédures d'exploitation qui assureront le bon fonctionnement du système de transport.

Les techniciens et les cadres apportent leur expérience française, britannique, belge... de différents secteurs de transport : chemins de fer, métropolitain, transports maritime, aérien, routier. Ils viennent souvent également de TML, pour mettre en route et exploiter le système qu'ils ont construit. Certains vont même jusqu'à changer complètement de métier : Philippe Cozette, l'ouvrier français choisi par ses camarades pour effectuer la jonction du premier décembre 1990, devient conducteur de navette Eurotunnel.

De l'équipement, la priorité passe à la réception des matériels roulants et à l'organisation de l'exploitation.

A côté des exploitants, le département commercial commence de s'organiser pour promouvoir les services de navettes pour véhicules routiers et pour se préparer à vendre les billets Le Shuttle. Les trains de voyageurs et de marchandises, en revanche, sont commercialisés de façon tout à fait indépendante par la SNCF, British Rail et les chemins de fer belges. Le TGV transmanche Paris - Londres et Bruxelles - Londres s'appellera Eurostar.

Le 30 novembre 1992, l'établissement officiel de la frontière terrestre définitive entre la France et la Grande-Bretagne fait l'objet d'une cérémonie officielle. Les frontières provisoires aux emplacements des trois jonctions disparaissent.

La porte géante de la traversée-jonction britannique est installée en octobre 1992. Les quatorze panneaux de chacun des deux battants sont successivement mis en place. Cette porte est similaire à celle des abris anti-bombardements aériens utilisés dans l'armée de l'air. Elle fait office de barrière coupe-feu très résistante entre les deux tunnels ferroviaires. En tout, la porte pèse plus de 92 tonnes, pour 32 mètres de longueur et 6,6 mètres de hauteur.

Pendant l'automne, les voies étroites de chantier sont retirées du tunnel de service sous mer côté britannique, en commençant par le milieu de la Manche. Les débris accumulés au fond du tunnel sont ensuite évacués. Enfin, le plancher de béton est coulé.

Maintenant que dans le tunnel de service les voies ferrées de construction sont remplacées par un sol plane, tout un parc roulant de véhicules routiers devient nécessaire.

A partir du mois de novembre 1992, le tunnel de service côté français reçoit son plancher définitif en béton ; il recouvre un conduit de collecte des eaux vers une station de pompage.

Un escalier cent mètres sous le niveau de la mer : au voisinage de la traversée-jonction, le tunnel de service passe en dessous et au nord des tunnels ferroviaires. Il s'y raccorde donc bien plus difficilement.

A la fin d'août 1992, la pose des voies dans le tunnel ferroviaire nord côté français arrive à la traversée-jonction. En octobre, une fois le tunnel britannique atteint, le train de pose est transféré dans la tranchée de Beussingue pour repartir dans le tunnel ferroviaire sud.

En janvier, un ventilateur de secours s'engage dans le tunnel étroit qui descend vers le complexe souterrain de Shakespeare Cliff.

Une ventilation supérieure aux besoins fonctionnera en permanence.

A Shakespeare Cliff, les canalisations de refroidissement et d'eau de lutte anti-incendie, la ventilation, passent toutes par la descenderie A2 pour accéder aux tunnels. Depuis que les cinq voies de chantier ont été dégagées, A2 est devenu propre et tranquille.

Les ventilateurs sont vraiment d'une taille impressionnante.

Le puits de Sangatte à la fin d'octobre 1992. On remarque la conduite de ventilation normale en haut à gauche ; plus bas à gauche, la conduite de ventilation complémentaire est toujours en cours d'installation. A droite passent d'autres canalisations.

Deux énormes gaines de ventilation empruntent maintenant le puits de Sangatte.

Les équipements définitifs seront achevés en avril 1993 sur le site de Sangatte. Au centre, l'usine de réfrigération, avec ses aéro-réfrigérants au premier plan. Les équipements de ventilation normale sont sur la gauche, tandis que la ventilation de secours est installée sur la droite. Le réservoir cylindrique sert à l'alimentation de lutte anti-incendie. Les autres bâtiments du site sont condamnés à être démolis.

Installation de l'isolation dans un bâtiment de ventilation.

Le Tunnel est
«tout électrique».

Des trains de travaux spéciaux déroulen
posent les câbles sur leurs supports
installés tout au long des côtés des tunn

Les nombreuses salles techniques des tunnels sont construites sur le modèle des galeries de communication qui joignent les trois tunnels.

Parmi les équipements à installer par les équipes électriques : l'éclairage permanent des tunnels.

Pour tendre les fils de la caténaire qui alimente les locomotives, un dispositif spécial a dû être adapté. Les contre-poids tendeurs de faible épaisseur sont installés sur le côté du tunnel, derrière une cage de protection.

25 000 volts passent par les caténaires du plafond des tunnels ferroviaires.

Pour installer la caténaire, il faut attacher six fils ou câbles sur des supports spéciaux placés haut sous le toit du tunnel. Le fil de contact court en zig zag le long des tunnels, pour répartir l'usure des bandes de contact des pantographes placés sur le toit des locomotives.

A la fin de 1992,
les terminaux ont pratiquement
leur apparence définitive.

A l'automne de 1992, tous les auvents du terminal tourisme sont installés ; l'aménagement des futurs postes de péage et de contrôle commence.

Le terminal anglais un soir de novembre.

Dès septembre 1992, l'échangeur routier de Fort Nieulay a pris son visage définitif. Son élégance, avec ses structures blanches élancées et la place faite à l'eau, contribue à rendre attrayant le site du terminal.

Sur les deux terminaux, des écrans brise-vent ont été installés aux endroits les plus exposés, pour que les navettes puissent circuler même par grand vent.

Le 28 juillet 1992, les premiers wagons de transport de camions arrivent au terminal de Folkestone en provenance d'Italie. Semi-ouverts sur les côtés, ils pourront transporter chacun un camion de 44 tonnes sans pour autant dépasser les 22,5 tonnes de poids par essieu.

Un mois plus tard, vingt-quatre nouveaux wagons sont déchargés sur le port de Calais à destination du terminal France : il y a là déjà presque de quoi constituer une navette «fret» standard, de vingt-huit wagons transporteurs de camions.

L'avenir est aux wagons géants des navettes, au centre. En octobre 1992, les voies de garage sont encore encombrées par des trains de travaux des tunnels.

A leur arrivée dans le bâtiment de maintenance du terminal France, les wagons fret sont soulevés par quatre colonnes ; ils sont ensuite posés sur leurs bogies.

Les voies sur pilotis du bâtiment de maintenance permettent de travailler dans de bonnes conditions sous un véhicule, ici un wagon de navette. Chaque unité du parc roulant doit être examinée et réglée avant de servir aux essais, puis à l'exploitation.

En octobre 1992, c'est au tour de la première voiture Club, qui transportera jusqu'à cinquante-deux conducteurs et passagers des camions d'être déchargée sur le terminal France ; les chauffeurs de camions pourront y effectuer leur pause réglementaire.

Le 12 décembre, la première locomotive de navette est recouverte d'un plastique de protection à l'usine Brush de Loughborough. Elle peut ensuite partir pour Douvres par la route.

Même sans leurs bogies, les locomotives sont trop grandes pour pouvoir être transportées par rail ou sur des petites routes.

Une petite humiliation pour les locomotives d'Eurotunnel : elles effectuent leur première traversée transmanche en ferry.

Dans le bâtiment de maintenance du terminal France, les locomotives sont rapidement mises sur bogies pour qu'elles puissent passer aux essais.

Les locomotives des TGV transmanche Eurostar, de couleur jaune, grise et bleue, ressembleront aux TGV Nord Europe qui portent, eux, une livrée grise. Ils ne sont pas interchangeables, puisque ces derniers ne peuvent pas traverser le Tunnel. En revanche, les deux roulent sur les mêmes voies sur le continent à grande vitesse.

Au début de décembre 1992, les deux premières locomotives diesel arrivent sur le terminal France. Elles sont les plus puissantes de leur type dans le monde ; elles ne tarderont d'ailleurs pas à démontrer leurs qualités.

CHAPITRE 14

11 janvier :

Ouverture officielle du siège d'Eurotunnel sur le terminal France.

29 janvier :

Le nouvel ambassadeur de Grande-Bretagne en France prend le Tunnel pour rejoindre son poste à Paris.

3 février :

Les exercices de simulation organisés par Eurotunnel pour former son personnel reçoivent un prix pour la formation en Grande-Bretagne.

12 mars :

Un premier train de voyageurs standard emprunte le Tunnel avec des invités de la Banque européenne d'investissement.

avril :

Fin de la pose des voies dans les tunnels.

18 mai :

Inauguration du TGV Nord entre Paris et Arras.

juin :

Livraison des premiers wagons de navettes tourisme sur le terminal français.

20 juin :

Le premier train de passagers Eurostar traverse le Tunnel.

De janvier à juin 1993

Première traversée en train classique

Pendant le premier semestre 1993, l'opinion publique entend davantage parler des problèmes financiers et contractuels du projet, ainsi que des incertitudes sur les dates d'ouverture des différents services, que du chantier proprement dit. En effet, les travaux sont devenus en grande partie invisibles : on installe les équipements informatiques et électroniques, on s'occupe des finitions et surtout d'un travail de fourmi, obscur mais essentiel : l'essai et la réception du système de transport. Le bon déroulement de ce processus conditionne directement l'ouverture du Tunnel.

Chaque machine, chaque composant, chaque circuit, bref chaque élément doit soigneusement être testé séparément des autres, son fonctionnement dûment vérifié. Chaque sous-système est ensuite vérifié, puis chaque système ; la route est longue avant que l'on parvienne enfin à la phase finale : simuler le fonctionnement de l'ensemble du système de transport.

Les travaux deviennent invisibles mais les aménagements paysagers embellissent les sites.

En fait, le dernier chantier spectaculaire se déroule au printemps de 1993 : l'aménagement paysager des sites. Les plantations d'arbres font changer complètement l'apparence les terminaux : l'herbe remplace la boue, mais l'on ressent un pincement au coeur à voir démonter les ateliers de construction et mettre à la ferraille tant de matériels. La plupart des ouvriers du chantier de construction de TML sont partis, ainsi que de nombreux ingénieurs. Un grand chantier se meurt.

L'échangeur de Fort Nieulay et le terminal France
vus du ciel en mars 1993.

Le 17 avril, les derniers «mineurs» côté britannique posent pour une photo. Nombre d'entre eux étaient des spécialistes des tunnels habitués à partir travailler sur des projets dans le monde entier. Sur le chantier français, au contraire, la main d'oeuvre a été recrutée sur place. TML a beaucoup investi dans sa formation. Une cellule spécialement créée a contribué à reconvertir le personnel du chantier.

Pendant la dernière phase du chantier, de vieilles voitures passagers de British Rail ont servi à transporter le personnel en tunnel du côté britannique.

En avril 1993, autre signe de la fin des chantiers d'équipement des tunnels : le dernier monte-charge pour le personnel est désaffecté à Shakespeare Cliff.

Au pied de Shakespeare Cliff comme à Sangatte, les installations de desserte du complexe souterrain sont démantelées pour que le site soit réaménagé. Les portiques qui ont porté voussoirs et matériels par dizaines de milliers de tonnes sont enlevés un à un.

Depuis que la pose de la voie définitive est engagée, le réseau ferré de construction à voie étroite diminue comme une peau de chagrin. Ce processus arrive à son terme en mai 1993 : les derniers rails sont retirés de la descenderie A1.

Au pied de Shakespeare Cliff, l'ensemble de la plate-forme va être transformé en espace naturel. Seules quelques installations subsisteront à l'est : les unités de réfrigération, d'alimentation anti-incendie et de ventilation complémentaire des tunnels.

Dès octobre 1992, les ventilateurs qui assureront l'aération normale des tunnels ont été descendus dans leur puits à partir du sommet de la falaise. Sur cette photo prise au mois de janvier suivant, la taille des appareils, similaires à ceux du côté français, apparaît clairement.

Les canalisations de réfrigération des tunnels aboutissent aux tunnels ferroviaires en bas du puits de Sangatte.

Le 9 janvier 1993, les voies définitives côté français ont fini d'être posées ; elles rejoignent ainsi les voies britanniques dans le tunnel sud.

Un train de travaux au portail français des tunnels.

Dans les tunnels côté français, le transport des personnels sur voies normales est assuré par des automoteurs des années 1950. La position latérale de leur cabine de conduite leur donne un petit air cocasse, qui les fait appeler familièrement des "Picasso".

Au début de 1993, les équipes commerciales d'Eurotunnel, précédemment basées à Londres, s'installent dans le nouveau siège d'exploitation en hauteur sur le site du terminal français.

Des milliers d'arbres et de buissons sont plantés sur les terminaux ; ces aménagements les intègrent agréablement dans le paysage.

Les véhicules routiers accèdent au terminal britannique par une bretelle de l'autoroute M20 qui mène directement à un alignement de péages. La seconde rangée d'auvents couvre les douanes et les contrôles frontaliers. Du ciel, on voit clairement combien l'espace est compté, ce qui n'est pas le cas du terminal français.

Le Centre de contrôle domine le site du terminal britannique, donnant ainsi un beau point de vue aux contrôleurs du trafic routier, sauf en cas de brouillard. Ce panorama, cependant, ne leur est pas indispensable : ils disposent de moyens de communication et de systèmes informatiques perfectionnés qui leur permettent de gérer automatiquement le trafic, s'ils le désirent.

Dans le Centre de contrôle ferroviaire, toujours sur le terminal britannique : un vaste tableau synoptique représente tout le système ferroviaire. Son installation a commencé en janvier de 1993.

Pour exploiter le système de transport du Tunnel sous la Manche, Eurotunnel doit recruter et former progressivement deux mille personnes à des postes très variés. Par exemple, deux simulateurs de conduite de locomotives ont été installés pour servir à la formation des conducteurs des navettes.
Il importe que le personnel soit apte à communiquer dans les deux langues : le système de transport doit fonctionner comme une entité unique, bien qu'il relie deux pays de langue différente. Eurotunnel n'est donc pas divisé en services français et en services britanniques. Même le fonctionnement du terminal français et du terminal britannique, apparemment séparé, donne lieu à une collaboration étroite entre les deux côtés.

Des véhicules routiers particuliers ont été conçus pour pouvoir circuler en deux files dans un tunnel de service de 4,80 m de diamètre : ils mesurent 1,40 m de large pour 10 mètres de long ! Faute de place pour faire demi-tour dans le tunnel, ils sont munis d'une cabine dans chaque sens. Au milieu, ils transportent un conteneur de 6 mètres de long, équipé pour la maintenance, la lutte contre l'incendie, ou des ambulances. Pour pouvoir intervenir rapidement en tout point du tunnel, ces véhicules de services peuvent atteindre 80 kilomètres à l'heure grâce à un guidage automatique par fil «enterré» dans le plancher. Par ailleurs, les véhicules de service roulent tous à gauche dans le tunnel de service.

Deux locomotives de navettes sont envoyées en République tchèque pour être testées sur un circuit d'essai. Ces engins de 5,6 MW parcouriront 50 000 kilomètres et passeront des tests de freinage à partir de 160 km/h.

Avant de faire circuler les trains dans les tunnels ferroviaires, il est nécessaire de bien vérifier qu'ils ne risquent pas de heurter un équipement quelconque dans le tunnel. Un train d'essai de gabarit s'assure donc que les matériels roulants qui passeront dans le tunnel ne risquent pas d'y toucher quoi que ce soit.

Le 20 juin 1993, le premier TGV transmanche Eurostar emprunte le Tunnel en rame prototype jusqu'au terminal britannique. Comme la caténaire n'est pas encore en service, le TGV doit être tracté par une locomotive Diesel.

CHAPITRE 15

De juillet à décembre 1993
Matériels roulants à l'essai

27 juillet :

Accord entre Eurotunnel et TML sur la transmission de l'ouvrage et l'ouverture du Tunnel.

Septembre :

Au cours d'essais, une locomotive atteint 175 kilomètres à l'heure et une navette de marchandises 140 kilomètres à l'heure dans le Tunnel.

21 septembre :

Livraison du dernier wagon transporteur de camions sur le terminal français.

23 septembre :

Une locomotive de navette réussit un test d'endurance de 50 000 kilomètres en République tchèque.

26 septembre :

Ouverture de la ligne TGV Nord Paris-Calais.

10 décembre :

TML transmet à Eurotunnel l'ouvrage et le système de transport du Tunnel sous la Manche.

30 décembre :

Les gouvernements français et britannique annoncent que la Concession sera prolongée de dix ans, jusqu'en 2052.

Le 27 juillet, Eurotunnel et TML concluent un accord qui prévoit qu'Eurotunnel recevra l'ouvrage et le système de transport le 10 décembre 1993. TML assistera ensuite Eurotunnel pendant la période d'essais requise, avant que la Commission intergouvernementale ne donne l'autorisation d'exploiter le Tunnel sous la Manche. Les navettes fret doivent démontrer le bon fonctionnement du système de transport. C'est l'aboutissement du processus d'essai et de réception engagé trente mois auparavant, quand les sous-stations électriques ont été les premiers systèmes testés puis mis en service pour fournir l'énergie nécessaire à la fin du chantier et aux essais. Pendant l'automne de 1993, de nombreux sous-systèmes sont examinés : signalisation ferroviaire, commandes centrales des systèmes électriques et électroniques, radio, téléphone, usine de réfrigération, alimentation anti-incendie... Parallèlement, les matériels roulants commencent à être testés dans les tunnels, alimentés par caténaire.

Le 10 décembre 1993, TML remet à Eurotunnel l'ouvrage et le système de transport qui est en phase d'essais avant l'ouverture au public.

circuleraient au printemps. Quant aux navettes tourisme pour les voitures, elles entreraient en service après l'ouverture officielle du Tunnel, le 6 mai, par la reine d'Angleterre et le président François Mitterrand.

Le projet entre maintenant en phase finale. Les tunnels sont construits, les équipements sont en place. Il reste à achever les tests de réception et surtout à mener à bien l'ensemble des essais qui

Bref, le 10 décembre, le système de transport du Tunnel sous la Manche est en pleine phase d'essais.

Aux commandes d'une locomotive de navette sur le terminal français.

Une première locomotive est mise aux couleurs du Shuttle, nom de marque des services de navettes transmanche proposés par Eurotunnel.

Les locomotives électriques des navettes d'Eurotunnel sont pratiquement les plus puissantes au monde.

En août 1993, l'un des dix-huit wagons chargeurs pour rame à double plancher stationne dans le bâtiment de maintenance. Ses portes d'accès au niveau inférieur sont ouvertes comme pour charger.

Pendant le chargement et le déchargement des navettes, chaque niveau de rame - ici à double plancher - forme comme un long couloir, ce qui accélère les opérations. Ce système de «route intérieure» continue est appliqué depuis longtemps dans les navettes routières des tunnels alpins, à la différence près que les navettes Eurotunnel, elles, sont fermées et que des rideaux coupe-feu sont abaissés pendant les trente-cinq minutes de trajet de quai à quai. Les wagons bénéficient de l'air conditionné et un système de purge très puissant purifie l'atmosphère à chaque arrêt sur le terminal.

Une navette tourisme de vingt-huit wagons sort en partie du bâtiment de maintenance. Comme les navettes mesurent environ 800 mètres de long en formation complète, elles seront examinées par groupe de trois wagons sans être coupées au cours de leur maintenance régulière. Le reste dépassera alors d'un côté ou de l'autre du bâtiment de maintenance, comme une chenille passant sous une branche.

La tâche des petits camions rail-route polyvalents Unimog ne s'est pas achevée avec la pose des voies définitives dans les tunnels. L'un d'entre eux tracte ici un wagon de navette tourisme.

En septembre 1993, les essais de traction électrique en tunnel ont commencé. Un train d'essai tracté par une locomotive de navette sort du tunnel nord par le portail français, conformément au sens de circulation ferroviaire traditionnel. Maintenant que les caténaires à 25 000 volts sont sous tension et que les matériels roulants circulent, les tunnels ferroviaires sont désormais inaccessibles, sauf en période de maintenance.

Sous sa forme finale, le site de Sangatte prend la forme d'une flèche. Les bâtiments de réfrigération sont flanqués des usines de ventilation complémentaire *(à gauche)* et normale *(à droite)*, avec un talus au pourtour et des plantations sur les toits.

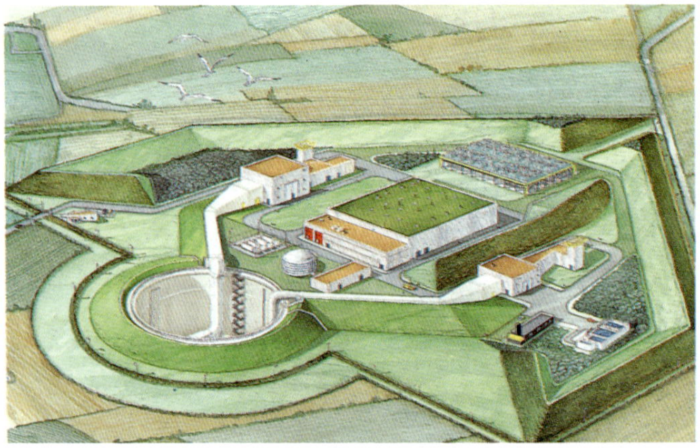

L'usine de refroidissement de Sangatte. C'est de là que seront envoyés si nécessaire jusqu'à 10 000 mètres cubes d'eau glacée à 3° C dans les tunnels pour en maintenir la température à 27° C en moyenne.

Le puits de Sangatte a pris son allure définitive. A la vue de l'énorme conduite de ventilation complémentaire à gauche, la conduite de ventilation normale peut sembler de taille modeste... Les ascenseurs pour le personnel sont maintenant remplacés par un escalier, on se retrouve ainsi comme en 1987 !

Le site de Sangatte en août 1993. Les bâtiments de travaux sont en démolition, tandis que les nouveaux aménagements paysagers sont en cours. Comme à Shakespeare Cliff, le site final est beaucoup moins vaste que pendant les travaux : 7 hectares au lieu de 55. Ici également, l'espace libéré fera l'objet d'aménagements paysagers.

A Sangatte et à Shakespeare Cliff, les installations d'exploitation occupent un espace réduit.

L'homme debout à droite permet de mieux se rendre compte de la taille des tuyauteries sous les aéro-réfrigérants au pied de Shakespeare Cliff.

En octobre 1993, la plate-forme au pied de Shakespeare Cliff a déjà perdu son apparence de chantier.

Les aéro-réfrigérants.

En octobre, aménagements paysagers dans la partie ouest de la plate-forme de Shakespeare Cliff.

Cet engin sert à laver
la voie proprement
dite dans les tunnels.

Les canalisations et
chemins de câbles
sont nettoyés comme
tous les équipements
en tunnel.

Comme sur tout chantier, la construction et l'équipement ont laissé une fine couche de poussière partout dans les tunnels. Elle sera nettoyée avant le début des essais de matériels roulants à vitesse normale. Les équipes de nettoyage utilisent différents équipements spéciaux, mais une partie du travail est effectuée à la main.

Lavage des côtés
d'un tunnel ferroviaire.

Au début de novembre, une locomotive de navette passe pour la première fois par le croisement de la traversée-jonction britannique, au cours des essais de la caténaire. Les battants de la porte coulissante sont donc ouverts. Maintenant que les essais approchent de leur phase finale, les circulations en tunnel se multiplient : les différentes équipes d'essais de matériel roulant, de formation, d'entretien et d'essais des équipements se succèdent vingt-quatre heures sur vingt-quatre dans les tunnels en suivant un planning très strict.

Sur le terminal France, les 100 hectares de la zone de développement «Cité de l'Europe» font l'objet d'un premier aménagement spectaculaire. Un grand centre culturel et commercial appelé, lui, «Cité Europe» est mis en chantier en 1993 par le promoteur aménageur Arc Union / Espace Promotion. Accessible à tous, il ouvrira au printemps de 1995.

Le Centre de contrôle du terminal France est construit. Les «Eurotunnelliens» l'ont affectueusement surnommé l'«aquarium».

Le Centre d'information du terminal France s'ouvre sur les quais comme une huître géante flanquée d'un belvédère.

Les péages du terminal tourisme sont prêts, panneaux compris.

Le terminal français : constructions élancées et grands espaces.

En octobre, le bâtiment de service réservé aux passagers est bien avancé. Contrairement à la future «Cité Europe», il est destiné uniquement à la clientèle qui part en navette Le Shuttle. Il contient des boutiques hors taxes, des restaurants, des magasins et d'autres services encore.

Sur l'échangeur de Fort Nieulay, ce viaduc mène au terminal passagers. Les camions qui se dirigent vers le terminal «fret» passent par une bretelle tournant autour du lac.

Le terminal français en août 1993. Juste à droite des péages tourisme, on remarque les parkings et le bâtiment triangulaire de services aux passagers. Le chantier à côté est celui de Cité Europe.

Vue aérienne de la zone des quais, montrant les deux ponts arrière par lesquels les véhicules routiers viennent embarquer en navette et, sur la droite, un des ponts de sortie. Au premier plan, on voit les parkings d'affectation : chaque file correspond exactement à la longueur d'une rame de navette. On aperçoit le Centre de contrôle à droite et le bâtiment «en huître» du Centre d'information.

A leur livraison sur le site français, les 38 locomotives et 516 wagons du matériel roulant d'Eurotunnel sont passés par le bâtiment de maintenance pour recevoir leurs bogies.

Une locomotive électrique de navette dans le bâtiment de maintenance.

Des plates-formes d'accès en hauteur permettent d'accéder aux parties supérieures des wagons des navettes et aux pantographes d'alimentation électrique des locomotives, avec les systèmes de sécurité qu'impose la caténaire alimentée en 25 000 volts.

Les équipements permettent de travailler dans de bonnes conditions sous les locomotives ou sous les wagons de navettes. Il est possible de travailler sur trois niveaux sur un même véhicule en maintenance régulière.

Une locomotive
récemment livrée
attend ses bogies.

Le bâtiment de maintenance permet un entretien préventif approfondi de l'ensemble du parc roulant.

Le terminal britannique : une réussite de gestion de l'espace.

La tour de contrôle du terminal britannique semble émerger du système de transport souterrain tel un cockpit de sous-marin.

Les péages au crépuscule. Les navettes fonctionnent vingt-quatre heures sur vingt-quatre toute l'année.

Le terminal britannique se présente comme une raquette dont le manche aboutirait au portail des tunnels. La ligne «continentale» la traverse de part en part et coupe le «tamis» en deux : la zone des quais d'un côté, la zone de maintenance de l'autre. Quant aux terminaux passagers et fret, ils sont concentrés en bout de raquette : les camions longent le bord du site.

C'est le moment des finitions : on polit le plancher du bâtiment de services pour les passagers.

Sur le terminal anglais, le bâtiment de maintenance du matériel roulant est beaucoup plus petit que du côté français : il est réservé aux réparations d'urgence à effectuer de ce côté-ci de la Manche.

En juillet, la gigantesque tente du bâtiment de services pour les passagers se dresse au milieu d'un espace d'allure déjà accueillante.

Le Centre d'information Eurotunnel est coupé du terminal par l'autoroute M20 qui longe le site par le sud.

Assistés par des équipements complexes, les contrôleurs du trafic gèrent la succession des trains et des navettes dans les tunnels ferroviaires.

De 24 mètres de long et 3 mètres de haut, le tableau synoptique du Centre de contrôle ferroviaire de Folkestone représente le système ferroviaire du Tunnel sous la Manche. C'est le plus grand de son genre. La circulation des trains et des navettes est suivie par informatique, tandis que les contrôleurs du trafic traitent les problèmes. Ils choisissent le degré d'automatisme : ils peuvent même revenir à une supervision entièrement manuelle.

Des panneaux cachent le câblage complexe qui fait fonctionner le tableau synoptique. Le système fonctionne en temps réel, ce qui permet de suivre d'une seconde à l'autre ce qui se passe et de réagir vite s'il le faut.

Comme sur les lignes TGV, il n'y a ni feux ni panneaux de signalisation dans les tunnels ferroviaires. Les voies transmettent directement les informations sur une console de la cabine de pilotage : c'est ce qu'on appelle la transmission voie-machine (ou TVM). La position et la vitesse de chaque train ou navette sont gérés en permanence, pour maintenir toujours la distance de sécurité nécessaire entre les convois successifs. La précision du suivi permet de réduire à 3 minutes l'intervalle minimal entre trains et navettes successifs. Si un conducteur ne freine pas à temps ou pas assez, le freinage de secours se déclenche automatiquement.

La première étape d'un départ en navette est de franchir le péage. Différents modes de paiement sont possibles ; on peut même prépayer son billet. En revanche, on ne réserve pas une place dans une navette particulière : les véhicules embarquent dans la première navette disponible.

Après le péage, les conducteurs et leurs passagers peuvent soit passer par le bâtiment de services aux passagers, soit s'engager directement vers l'embarquement.

Traverser la Manche en navette Le Shuttle n'est pas vraiment plus compliqué que d'utiliser un parking payant.

Les contrôles français et britanniques sont regroupés au départ : à l'arrivée, la sortie est libre.

A partir des parkings d'affectation, les véhicules partent en file pour les quais, qui sont tout proches, où ils embarquent directement dans une rame. Remplir une navette prend quelque huit minutes.

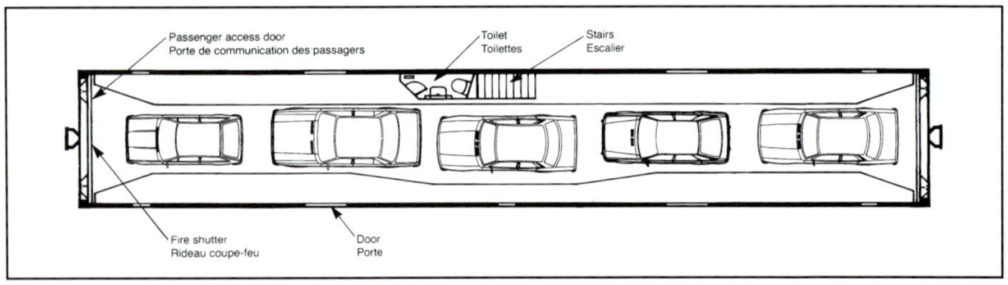

Une navette tourisme est généralement composée d'une rame à simple plancher et d'une rame à double plancher. Chaque rame tourisme comporte douze wagons de transport de véhicules, auxquels s'ajoute un wagon de chargement (et de déchargement) à chaque extrémité de rame. Un wagon à double plancher peut transporter dix véhicules, tandis qu'un wagon à un seul niveau accueille un seul autocar. Une navette tourisme peut donc transporter cent vingt voitures et douze cars à elle seule, ce qui peut représenter au total huit cents personnes.

Les navettes ont une locomotive à chaque bout. Chacune peut d'ailleurs suffire à mouvoir la navette entière. Le conducteur est en locomotive de tête ; un chef de train est en locomotive arrière. En cas de nécessité, il est toujours possible de couper la navette en deux parties, chacune étant capable de se propulser vers la sortie.

Le trajet en navette dure environ trente-cinq minutes de quai à quai, dont vingt-six en tunnel.

Sur le terminal d'arrivée, le pont de sortie mène directement à l'autoroute ou, suivant les désirs des voyageurs, aux petites routes.

Eurotunnel compte sur la rapidité, la fréquence et la simplicité d'utilisation de son système de transport pour mettre fin à l'incertitude des voyages transmanche.

La SNCF, British Rail et la SNCB sont associés au projet Eurotunnel depuis ses débuts. Le TGV transmanche Eurostar desservira les lignes Paris-Londres en trois heures, et Paris-Bruxelles en trois heures dix minutes ; ces temps de trajet de centre-ville à centre-ville rivalisent honorablement avec l'avion. Des arrêts sont prévus à Lille, Frethun près de Calais et Ashford dans le Kent. Des trains de nuit vont également desservir des villes plus éloignées en Grande-Bretagne comme sur le continent, en attendant que des liaisons Eurostar avec le nord de Londres soient établies.

Les TGV Eurostar vont fortement concurrencer les lignes aériennes Paris - Londres et Bruxelles - Londres.

La mise en service du Tunnel sous la Manche représente une chance unique pour le fret ferroviaire transmanche, qui devient compétitif sur de nombreuses liaisons entre grands centres industriels des deux côtés de la Manche. Comme le gabarit britannique est plus étroit que sur le continent, saisir cette opportunité implique de réaliser des investissements massifs pour construire des terminaux en Grande-Bretagne et pour acquérir les matériels roulants adaptés. Le trafic de conteneurs et de caisses mobiles semble être un bon créneau, ainsi que certaines activités spécialisées comme le transport de voitures neuves.

Sur chaque terminal, les camions suivent leur propre circuit pour aller embarquer en navette.

Les navettes fret sont elles aussi composées de deux rames. Les routiers conduisent eux-mêmes leur camion à l'intérieur mais, comme leurs passagers éventuels, ils sont amenés à une voiture Club en tête de navette, juste derrière la locomotive.

Les terminaux tourisme et fret sont séparés, ce qui permet aux camions de ne pas être affectés par les périodes de pointe de trafic de véhicules de tourisme.

Le temps que les conducteurs de camions passent hors de leur véhicules compte pour un repos réglementaire de quarante-cinq minutes. Des repas peuvent leur être servis dans la voiture Club.

Des prises électriques ont été prévues dans les wagons des navettes fret. La «chaîne du froid» est ainsi maintenue dans les camions frigorifiques

Les rabats des wagons chargeurs des navettes fret forment une plate-forme continue qui permet aux camions de manoeuvrer pour entrer ou sortir d'une navette. Pendant ce temps, des vérins stabilisent la navette en prenant appui sur des barres sous les quais.

Shuttle
9012
EURO TUNNEL

La cérémonie du 10 décembre commence au portail britannique du Tunnel : les dirigeants des cinq constructeurs britanniques associés au sein de TML se joignent à Alastair Morton, pour porter une chaîne symbolique reliant les drapeaux français et britannique. *De gauche à droite* : Peter Costain (Costain), Tony Palmer (Taylor Woodrow), Neville Simms (Tarmac), Alastair Morton, Joe Dwyer (Wimpey), Robert Davidson (Balfour Beatty).

Le 10 décembre 1993, moins de six ans et demi après la ratification du traité de Canterbury, les constructeurs de TML remettent le Tunnel à Eurotunnel. A cette date, quelque 170 millions d'heures de travail ont été consacrées au projet.

Les spectateurs : *de gauche à droite*, Franck Cain, ancien directeur général Construction d'Eurotunnel, André Bénard, Alastair Morton, Peter Costain et Jean-Paul Parayre, premier coprésident français d'Eurotunnel et également ancien coprésident, avec Peter Costain, de TML.

TML a organisé une cérémonie spectaculaire sur la zone des quais du terminal France. Après que le groupe anglais a effectué la traversée par le Tunnel, André Bénard et Alastair Morton ont accepté ensemble la “clé” du système de transport.

Finalement, l’histoire du projet a été retracée par une suite théâtrale de tableaux, de mouvements de navettes, et un spectacle son et lumière.

L'ensemble des illustrations de ce livre montre à quel point la construction et l'équipement du Tunnel sous la Manche méritent l'appellation de grand chantier, tant sous terre et sous mer qu'en surface. A l'époque de l'informatique, l'ampleur et la complexité du système de transport sont plus difficiles à montrer et à expliquer. Voici cependant un bref récapitulatif des principaux équipements du Tunnel :

LES EQUIPEMENTS MECANIQUES DES TUNNELS

- les deux systèmes de ventilation (normale et de secours) installés à Sangatte et Shakespeare Cliff.
- le système de refroidissement avec les usines de réfrigération à Sangatte et Shakespeare Cliff.
- le système de drainage avec ses stations de pompage.
- le réseau incendie avec ses pompes et ses réservoirs.
- 600 portes spéciales, notamment les portes des galeries de communication et les portes géantes des deux traversées-jonction.

LES VOIES FERREES ET LES CATENAIRES

- 200 km de voies, dont 100 dans les tunnels.
- 176 aiguillages, dont deux traversées-jonctions.
- les caténaires (950 km de câbles et 15 000 supports).

DISTRIBUTION ELECTRIQUE

- deux sous-stations principales raccordées aux réseaux nationaux français et britanniques, fournissant 160 MW à 25 000 Volts pour la traction (l'équivalent d'une ville de 250 000 habitants) et une alimentation de 21 000 Volts pour les autres équipements.
- 175 sous-stations secondaires fournissant l'alimentation en haute, moyenne et basse tension. Il y a 350 km de supports de câbles et plus de 1 300 km de câbles dans les tunnels.
- 20 000 points lumineux, etc.

CONTRÔLE ET COMMUNICATION

- un Centre de contrôle principal au terminal anglais et un Centre de contrôle de secours au terminal français, avec leur système de gestion du trafic ferroviaire et des équipements électromécaniques.
- un Centre de contrôle du trafic routier à chaque terminal relié aux systèmes de contrôle et de signalisation routière pour gérer les circulations routières.
- un système de signalisation cabine, dans les tunnels, dérivé de celui utilisé pour le TGV Nord.
- un système informatique de transmission de données en temps réel pour le suivi de 26 000 informations, dont 15 000 recueillies dans les tunnels, liées par 238 km de câbles en fibre optique.
- des systèmes de radio interne et le service radio Concession Eurotunnel ainsi que 1 200 téléphones, des hauts-parleurs, etc.

AUTRES EQUIPEMENTS

- les équipements de gestion des eaux sur les terminaux (drainage, bassins, pompes, stations d'épuration, etc.).
- les véhicules du tunnel de service avec leur équipement.
- des matériels routiers divers tels que les véhicules d'entretien, etc.

NAVETTES ET AUTRES MATERIELS ROULANTS

- 38 locomotives électriques capables de tracter des trains pesant jusqu'à 2 400 tonnes à une vitesse atteignant 140 km/h.
- 254 wagons de navettes tourisme, à un ou deux étages.
- 272 wagons pour les navettes fret.
- 5 locomotives Diesel avec trois wagons laveurs de gaz d'échappement pour utilisation dans les tunnels.
- un parc roulant spécialisé dans la maintenance des tunnels ferroviaires.

QA Photos

«Au début, les ingénieurs se méfiaient de nous. Puis ils ont constaté que nous faisions sérieusement notre travail et que nous étions enthousiasmés par le leur. Alors ils se sont détendus. A la fin, ils portaient nos sacs, nous proposaient leurs sandwiches, racontaient des anecdotes, et veillaient sur nous.»
Jim Byme et Diana Craigie commencent à suivre le projet en 1985, quand le Tunnel sous la Manche revient dans l'actualité. En janvier 1986, ils assistent à Lille pour le compte de journaux à l'annonce du choix du projet Eurotunnel par les deux gouvernements.
A la suite de ce premier contact avec Eurotunnel, ils sont chargés le mois suivant de réaliser un reportage photographique sur la signature du Traité du Tunnel sous la Manche à Canterbury. Peu de temps après, ils deviennent les photographes officiels du projet Eurotunnel.
L'ampleur et la diversité du travail photographique que cette nouvelle mission implique conduisent Jim et Diana à recruter des collaborateurs et à créer leur propre entreprise, QA Photos Ltd. pour exploiter leur travail en Angleterre et en France. Ils photographient et ils effectuent les tirages pour le compte d'Eurotunnel puis le contrat est élargi : pour le compte d'Eurotunnel, QA Photo Library devient un distributeur mondial de photographies sur le projet.
De 1986 à 1994, Jim, Diana et Robby Whitfield, de leur équipe, prennent environ 100.000 clichés. «Nous avons pataugé dans la boue, nous nous sommes bien amusés, et nous avons établi l'histoire photographique au jour le jour du Tunnel sous la Manche.» 501 des 626 photos de ce livre ont été prises par QA Photos pour le compte d'Eurotunnel.

Mike Griggs

Mike Griggs a appris son métier de photographe dans la Royal Air Force. Ses missions l'ont mené en Asie du Sud-Est, en Europe du Nord et en Amérique du Nord. Il s'occupait en particulier de superviser la reconnaissance automatique et les dispositifs d'observation photogrammétrique aérienne.
Il vit maintenant à Douvres. TML l'a choisi comme son photographe attitré peu après la jonction du tunnel de service en décembre 1990. Auparavant, il avait pris quelques photographies de paysages pour le Channel Tunnel Group avant le début des travaux.
Cette photographie de la première locomotive de navette passant par la traversée-jonction britannique est un bon exemple des difficultés auxquels ont dû faire face les photographes tout au long du projet. Le temps de prendre des photos n'était pas prévu dans le programme qui portait sur des essais de caténaires. Cependant, les ingénieurs responsables des tests, Martin Young et Alan Hevey, ont trouvé un «créneau» de quatre minutes pour immortaliser cet événement. Nous exprimons toute notre reconnaissance à Mike pour son aide. Ses photographies du projet sont publiées avec l'aimable autorisation de TransManche Link, et apparaissent : p.19 en haut, p.33 en bas à gauche, p.71 au centre à droite, p.96 à gauche, p.97 en haut à droite, p.137 au centre, en bas à gauche, p.154 (3), p.159 en haut à gauche, p.165 en bas, p.168 en bas à gauche, p.176 en haut à droite, p.187 (3), p.190 en haut à droite, p.196 en haut à droite, p.200 en haut à droite, p.202 en haut et en bas, p.203 (4), p.204 à gauche et en bas, p.205 en haut à droite, p.206 en bas à gauche, p.207 en haut et en bas à gauche, p.208 en bas à gauche, p.209, p.211 à droite, p.215 en haut à gauche, p.216 en bas, p.217, p.220 à gauche (3), p.221 en haut à droite, p.234 en bas à droite, p.236 en bas à gauche.

Augusto da Silva

Né au Portugal, Augusto da Silva est arrivé en France en 1953. De 1979 à 1984, il évolue surtout dans le milieu de mode. Il réalise aussi des reportages photographiques, en France, au Portugal, en Afrique du Nord...
En novembre 1988, Bouygues, l'un des constructeurs de TML, commande à Augusto un reportage sur la construction du Tunnel du côté français. Les travaux, l'enthousiasme des équipes à l'œuvre jour et nuit l'impressionne. Augusto da Silva se met d'accord avec TML pour visiter les sites régulièrement. Il passera des jours et des nuits à photographier les pulsations des tunneliers géants, l'univers souterrain du chantier et la vie des ouvriers du Tunnel.
Nous le remercions de son aide et de nous autoriser à reproduire les photographies apparaissant : p.37 au centre gauche, p.42 en haut à droite, p.53 en haut à droite, p.s 65 et 66 en bas, p.105 (4), p.121 en bas à droite, p.193 à droite (2), p.228 à droite, p.237 en bas à droite.

Philippe Demail

Diplômé de l'école estienne d'arts graphiques, Philippe Demail a réalisé de nombreux reportages photographiques de villes qu'il a publiés dans des ouvrages sur Dublin, Berlin, et Gdansk. Il s'intéresse particulièrement à la photographie architecturale d'un point de vue graphique.

Les travaux photographiques de Philippe Demail portent également sur des rapports d'activité pour des entreprises telles que Carrefour et les Aéroports de Paris. Il prend également des portraits de personnalités comme Michel Rocard.

Dès le début des travaux du Tunnel sous la Manche, Philippe réalise pour le service de communication France des reportages sur le chantier et sur différents événements. Ses photographies sont parues dans de nombreuses publications d'Eurotunnel et dans «Eurotunnel News». Il s'intéresse au projet vu «sur le terrain», lieux de chantier, ouvrage et hommes. Nous le remercions pour son aide, et pour avoir autorisé la reproduction de ses photographies p.22 en haut à gauche, p.36 en bas (2), p.47 (tout sauf en haut à gauche), p.62 en bas à gauche, p.80 en haut (2), p.136 au centre gauche, p.206 en haut à droite, p.218 en bas à gauche et à droite, p.219 en haut, p.232 en haut, p.233 en bas à droite, p.234 en bas à gauche.

Phot'R

Après avoir passé son service militaire dans un service de photographie aérienne, Michel de Swarte travaille ensuite pendant dix ans en laboratoire photo puis comme photographe industriel.

En 1964, il crée Phot'R à Valenciennes, qui se spécialise exclusivement dans la photographie aérienne d'usines.

En 1970, Phot'R s'installe à l'aéroport de Lille Lesquin et fait l'acquisition d'un CESSNA 172 adapté aux vues obliques et verticales.

En 1987, Phot'R remporte le concours qu'Eurotunnel organise pour choisir un photographe aérien sur les sites français : les prises de vues aériennes seules peuvent donner une bonne vue d'ensemble des sites du chantier, puis de l'ouvrage. Phot'R assure régulièrement depuis lors des reportages sur le projet. Il a été chargé par ailleurs de la «couverture aérienne» des chantiers Euralille et du TGV Nord. Les photographies réalisées par Phot'R sont : p.9 en bas, p.49 en haut à droite et en bas à gauche, p.52 en bas, p.56 à gauche, p.81 en bas, p.133 en bas, p.183 en haut, p.195 en haut, p.219 en bas à droite, p.s 220-21 au centre.

Nous voulons en outre remercier, pour leurs photographies ou leurs illustrations :

Channel Tunnel Group Ltd : p.18 en haut à gauche, p.21 en bas, p.22 à droite.

P.A. Decraene : p.28 en bas à droite, p.33 en haut à droite, en bas à gauche, p.47 en haut à gauche.

European Passenger Services : L'intérieur d'**Eurostar**, p.230 en bas à gauche.

France-Manche S.A. : p.21 en haut, p.56 en bas à droite, p.218 en haut.

GEC Alsthom : p.164 à droite, p.196 en haut à gauche et en bas.

Russell Goddard : p.208 au centre droit.

Nathalie Jouan : p.136 au centre droit.

«La Vie du Rail», p.16 à droite.

Arthur Philips, pour son travail artistique p.35 à droite.

J.-N. Pignet : p.167, troisième en bas.

Railfreight Distribution : p.231 en bas.

V.D. Stokt : p.27 en bas à droite.

TML, pour les illustrations : pp.10-11, pp.30-31 en haut, p.38 en haut, pp.102-103 en haut, p.123 en haut, p.142 en haut à gauche, p.144 en haut, p.214 en haut à gauche.

TML, pour le travail de ses équipes de photographes, du côté français : p.43 en bas (2), p.64 en bas, p.83 en bas à gauche, p.97 en bas à droite, p.109 en haut à gauche, en bas à droite, p.157 en bas à gauche, p.158 au centre, à gauche et à droite, p.166 en haut et au centre gauche, p.186 en haut et en bas.

Remerciements à tous ceux qui nous ont aidés

Enfin, nous voulons remercier Martin Shirley et John Grover de Visible Edge, et aussi Anthony Mason et Keith Law pour leur contribution.

Aucun remerciement ne peut suffire pour tous ceux qui, chez Eurotunnel et chez TML, trop nombreux pour être cités individuellement, nous ont aidés si volontiers à préparer ce livre. Nous reconnaissons notre dette envers «Le Lien» et les autres publications de TML et d'Eurotunnel que nous avons pillées pour réunir les informations dont nous avions besoin. Nous avons fait tout notre possible pour vérifier ces informations et pour obtenir des éclaircissements quand les sources divergeaient. Si, malgré nos efforts, des erreurs subsistent, elles sont de notre seul fait.

Pour en savoir plus

Le Centre d'information Eurotunnel sur le terminal France (Eurotunnel, BP 46, 62 231 Coquelles) distribue de nombreuses publications sur le projet Eurotunnel. The Eurotunnel Exhibition Centre, (St Martin's Plain, Folkestone, Kent CT 19 4QD) est également une source d'information précieuse et édite un catalogue.